マルチフィジックス有限要素解析シリーズ2

ことはじめ
加熱調理・食品加工
における伝熱解析

数値解析アプリでできる食品物理の可視化

著者：村松良樹・橋口真宜・米 大海

JN029399

近代科学社Digital

刊行にあたって

　私共は 2001 年の創業以来 20 年間，我が国の科学技術と教育の発展に役立つ多重物理連成解析の普及および推進に努めてまいりました。

　このたび，次の節目である創業 25 周年に向けた活動といたしまして，新たに「マルチフィジックス有限要素解析シリーズ」を立ち上げました。私共と志を同じくする教育機関や企業でご活躍の諸先生方にご協力をお願いし，最先端の科学技術や教育に関するトピックをできるだけ分かりやすく解説していただくとともに，多様な分野においてマルチフィジックス解析ソフトウェア COMSOL Multiphysics がどのように利用されているかをご紹介いただくことにいたしました。

　本シリーズが読者諸氏の抱える諸課題を解決するきっかけやヒントを見出す一助となりますことを，心から願っております。

2022 年 7 月

計測エンジニアリングシステム株式会社

代表取締役

岡田 求

まえがき

　自然現象や日常生活において，私たちのまわりで"熱"が関わる様々な事象をみることができ，"熱"に関わる事象を知らず知らずのうちに経験したり，利用したりしています。"熱"に関する学問分野は「熱工学」といい，さらに，この熱工学は「熱力学」や「伝熱学（伝熱工学）」，「燃焼学（燃焼工学）」といった学問から成り立ちます。熱力学は温度，熱と物理変化との関係を調べ科学として体系づけた学問，伝熱学は熱移動の形態や速度を考察対象とする学問，また，燃焼学は燃焼現象の理解や燃焼現象を定性的かつ定量的に考察する学問ということができます。

　本書は，このうちの「伝熱学」に関する初学者向けのテキストとして構成・編集され，工学系ではなく，あまり数学や物理学を履修していない農学系や家政系の大学生および大学院生や食品企業に勤務していて"伝熱"に関わる部署に配属された若手社員，つまり，これからはじめて"伝熱学"を学ぼうとしている方を対象読者と考えて執筆されました。一般向けの基礎伝熱学の書籍として活用されることを意識していますが，広く，物理学やコンピューターを使った物理現象の計算・解析（数値解析あるいは数値シミュレーション，数値実験ともいいます）に興味のある方々にも役立つのではと思っています。このような観点に立ち，本書では農学系や家政系の学生あるいは食品企業の方が身近で遭遇するであろう加熱調理や加熱や冷却を伴ういくつかの食品加工操作を題材として取り込んで，学問的興味をもっていただくとともに，学習意欲・モチベーションを維持していただくように工夫・配慮したつもりです。

　通常，"熱"は目に見えないため，伝熱学を学ぶ際に，例えば熱移動の具体的なイメージをつかみづらい，と感じている方も多いと思います。本書では，COMSOL 社から販売されている汎用有限要素解析ソフトウェア"COMSOL Multiphysics"を基に開発された"数値解析アプリ（CAEアプリ）"を各自の学習へ用いることを想定しています。この"アプリ"を使うことにより通常では目に見えない物理現象を可視化して捉えることができるため，対象とする物理現象の理解度向上や興味喚起を図るとともに，物理現象を捉える観察力や洞察力，直感力を高めることを期待して

5

います。本書で使用する"アプリ"（Windows 版）は，近代科学社のサポートページ (https://www.kindaikagaku.co.jp/support/) からダウンロードできるようにしています。利用者はこのサイトからアプリをダウンロードして活用することができます。アプリのダウンロード・利用には費用がかからず，また，ソフトウェア："COMSOL Multiphysics" のライセンスも必要ありません。アプリの利用に際してはアプリダウンロードサイトに記載されている注意事項やアプリの説明書などを参照してください。なお，公開しているアプリは，現象を簡略化しているところもあり，主として物理現象の理解を助けることを目的にしていますので，計算結果が"完全に"正しいことを保証するものではありません。

　本書の第 1 章から第 5 章では，伝熱 3 基本形態である熱伝導，熱伝達，および放射伝熱の基礎概念，ならびにこれらに関する基本事項や伝熱計算でよく使用する物性値について説明しています。伝熱 3 基本形態における基礎法則は，それぞれ，熱伝導：フーリエの法則，熱伝達：ニュートンの冷却の法則，放射伝熱：ステファン・ボルツマンの法則です。各法則の説明の途中において，数式展開をなるべく詳しく記載するようにしました。数式に不慣れな読者の方は，これらの細部には拘泥せず，読み飛ばしていただいても結構です。各基本法則が述べている内容や各伝熱様式に影響を及ぼす因子（材料特性値や伝熱条件）は把握するように努めてください。

　第 6 章および第 7 章においては，"アプリ"を用いていくつかの伝熱関連現象を考察し，理解を深めます。この第 6 章および第 7 章が本書の大きな特徴です。繰り返しになりますが，"アプリ"による伝熱現象の「可視化」が，理解度の向上，さらには熱的センスを涵養する一助になると考えられます。本書では"COMSOL Multiphysics"を基に開発された"アプリ"を用いているため，より現実的で，わかりやすく現象変化を可視化できていると思われ，皆様によりお役に立つものと考えています。Web サイトで公開されているアプリを使用して各自のマシン（パソコンやワークステーションなど）で課題を解きながら，第 6 章と第 7 章を読み進めていただければと思います。

　第 6 章では，第 1～5 章で学んだ知識をもとにした数値解析事例を取り上げます。ここでは伝熱という単一物理現象：シングルフィジックスに関

する解析事例を取り上げ，主に温度変化を考察します。

　第7章では，第1～5章で触れた伝熱基礎事項以外の新しい内容を取り扱います。ここでは伝熱に加え，その他の物理現象の解析が加わります。いわゆる複数物理現象の解析あるいは多重物理連成といわれるマルチフィジックス解析を取り扱います。具体的にはスチームコンベクションオーブン加熱，ジュール加熱，マイクロ波加熱のほか，凍結および解凍を題材とし，各操作の概説や操作に関連する基礎事項を概説するとともに，数値解析を実際に行って，マルチフィジックス現象を解析・考察します。

　数値解析は，実験条件を容易に，かつ大胆に変更できる，通常では目に見えない情報・結果（例えば物体内部の温度や応力の分布，風向・風速）を視覚的に捉えることができる，現象を詳細に解明することができる（情報量の多さ），など多くの利点をもっています。その反面，専門科目に関する知識や高度な数学的知識・解析力，プログラミング技術などが必要で，数値解析は有用なツールであるが専門家のみしか使えない，数値解析を使用するにはハードルが高い，と感じられる方も多いと思います。本書で取り扱っている "数値解析アプリ（CAE アプリ）" を使用する際には数値解析に関する予備知識は不要で，基本的に，GUI 画面に設定されたボタンの操作のみで数値解析が実施できるアプリを作成・開発するように心がけました。数値解析，あるいは汎用性があり，誰でも・いつでも・どこでも活用できる数値解析アプリ（CAE アプリ）は，学習効果の向上，後継者・人材育成のみならず，次世代の食品分野の業務改革にもつながる可能性をもっています。本書の内容が少しでも皆様の学習や研究，業務のお役に立つことを願っています。

　最後に，本書執筆の貴重な機会を与えてくださった計測エンジニアリングシステム (株) の皆様，ならびに近代科学社の皆様に心より感謝申し上げます。

2023 年 3 月
著者一同

アプリおよび参考書籍

【第 6 章および第 7 章で使用する数値解析アプリの公開 Web サイト (2023 年 3 月末日現在)】

近代科学社のサポートページ

https://www.kindaikagaku.co.jp/support/

　下記 Web サイトでは，本書で使用するアプリも含めてさまざまなアプリを提供していますので，使用目的に合わせてお使いください。

http://nodaiweb.university.jp/comsol-app/

　これらのアプリでは現象を簡略化しているところもあります。主として物理現象の理解を助けることを目的にしていますので，完全に正しいことを保証するものではありません。

【参考にした伝熱関連の書籍】

- 庄司正弘：『伝熱工学』，東京大学出版会 (1995).
- 北山直方：『図解伝熱工学の学び方』，オーム社 (1982).
- 一色尚次，北山直方：『伝熱工学　新装第 2 版』，森北出版 (2018).
- 平田哲夫，田中誠，羽田喜昭：『例題でわかる伝熱工学　第 2 版』，森北出版 (2014).
- 小山敏行：『例題で学ぶ伝熱工学』，森北出版 (2012).
- 谷下市松：『伝熱工学』，裳華房 (1986).
- 疋田晴夫：『改訂新版　化学工学通論 I』，朝倉書店 (1982).
- 稲葉英男，大久保英敏，加藤泰生，鴨志田隼司，河合洋明，原利次：『伝熱科学』，朝倉出版 (2004).

【食品関連の物性値が取りまとめられている書籍】

- 食品製造・流通データ集編集委員会編：『食品製造・流通データ集 - 国際的視野からみた実務データ集大成』，産業調査会事典出版センター (1998).
- 日本食品工学会編：『食品工学ハンドブック』，朝倉書店 (2006).
- 日本熱物性学会編：『新編熱物性ハンドブック』，養賢堂 (2008).
- Saravacos, G. D. and Maroulis, Z. B.: Transport Properties of Foods, Marcel Dekker, Inc. (2001).
- Rahman, M. S. eds.: Food Properties Handbook Second edition, CRC Press (2009).

目次

第1章　伝熱解析に関わる基本事項

第2章　熱伝導

第3章　熱伝達

第4章　熱通過

付録 A

第1章

伝熱解析に関わる 基本事項

本章では伝熱解析に関わる基本事項・用語や物性値を解説します。

【要点】

- 顕熱とは物質の温度を変化させるために必要な熱量です。
- 潜熱とは物質の相を変化させるために必要な熱量です。
- 密度は物質の単位体積 (1 m^3) あたりの質量と定義される物性値です (SI 単位：kg/m^3)。
- 比熱は単位質量 (1 kg) の物質の温度を 1 K(1 ℃) 変化させるために必要な熱量と定義される物性値です (SI 単位：J/(kg・K) または J/(kg・℃))。
- 熱伝導率は熱伝導という熱移動現象（熱伝導については第 2 章で解説します）による伝熱の良否を表す物性値です。
- 熱伝導率は，単位長さ (1 m) あたり 1 K (1 ℃) の温度差（温度降下）がある物体において，単位時間 (1 s) に単位面積 (1 m^2) を移動する熱量を表す物性値ともいえます (SI 単位：W/(m・K) または W/(m・℃))。
- 熱拡散率は，熱伝導率を密度と比熱の積で除したものと定義される物性値です (SI 単位：m^2/s)。
- 熱拡散率は，物体内を熱が移動した際，温度が変化する速さの指標（非定常熱伝導における温度分布の変化速度の大小を示す物性値）と捉えることもできます。

1.1　熱と温度

　温度の相違だけの作用で物体から他物体へ，あるいは物体内部の高温部から低温部へ移動する熱エネルギーのことを熱といいます。つまり熱は，温度差（変化）によるエネルギーの移動のことで，エネルギーの移動の仕方といえます。また，熱エネルギーは原子・分子の微視的な運動エネルギーを合計したものと捉えることができます。熱力学の分野では「外部（他の物体）に対して仕事をする能力」のことをエネルギーといい，エネ

ルギーはいくつかの形態をもち，一つの形態から他の形態へとエネルギー変換することも可能です。また，熱（熱エネルギー）を物理量として取り扱うとき，熱量という言葉を用います。エネルギーや熱量の単位としてSI単位系においては "J" を使います。

温度は，物体の温かさや冷たさを表す指標です。温かい物体は温度が高く，冷たい物体は温度が低い，と表現します。日本では温度の単位としてセルシウス温度 "℃" を使うことが一般的です。セルシウス温度とは，「1気圧のもとで氷がとける温度を 0 ℃，水が沸騰する温度を 100 ℃」と定めた温度です。また，絶対温度という温度もあります。絶対温度とは，「原子・分子の熱運動がなくなる温度を 0 K」とする温度で，単位は "K"（ケルビン）です。セルシウス温度を T_c (℃)，絶対温度を T_a (K) とすると式 (1.1) の関係が成り立ち，この関係を使って温度の換算が可能です。

$$T_a = T_c + 273.15 \tag{1.1}$$

1.2 顕熱と潜熱

物質の温度を変化させるために必要な熱量のことを顕熱といいます。1.3.2 項でも説明しますが，比熱は 1 kg の物質の温度を 1 K（あるいは1 ℃）変化させるのに必要な熱量で，SI単位系における比熱の単位は "J/(kg・K)" あるいは "J/(kg・℃)" です。比熱 c_p (J/(kg・K))，質量 m (kg) の物質の温度を T_1 (K または℃) から T_2 (K または℃) まで変化させるために必要な熱量，すなわち顕熱 Q_s (J) は式 (1.2) から求められます。

$$Q_s = m \times \int_{T_1}^{T_2} c_p dT \tag{1.2}$$

比熱 c_p が温度 T の関数（例えば2次関数）で表されている場合は，比熱と温度の関係を表す式（相関式）を式 (1.2) に代入して，式 (1.2) を与えられた温度範囲で定積分すれば，このときの顕熱 Q_s が求められます。比熱が温度に関係なく一定値の場合は，式 (1.2) の定積分において比熱 c_p は積分記号の前に出せますので，この場合の顕熱 Q_s は次の式 (1.3) から

計算できます。

$$Q_s = m \times c_p \times (T_2 - T_1) \tag{1.3}$$

　物質には固体，液体，気体という状態（相）があります。これらを物質の三態（三相）といいます。状態ごとに原子や分子の運動状態が異なり，気体＜液体＜固体の順に原子または分子同士の結びつきが強くなります。

　物質の相を変化させるのに必要な熱量を潜熱といいます。液体から気体への相変化を蒸発，気体から液体への相変化を凝縮，固体から液体への相変化を融解，液体から固体への相変化を凝固，また，気体から固体あるいは固体から気体への相変化を昇華といいます。それぞれの相変化において潜熱の名称が付けられています（例えば蒸発潜熱，凝縮潜熱など。単に蒸発熱，凝縮熱という場合もあります）。通常，潜熱は 1 kg の物質を相変化させるために必要な熱量 "J/kg" として便覧などの専門書に提示されています。ある温度における物質 1 kg あたりの潜熱を q_l (J/kg)，物質の質量を m (kg) としたとき，m (kg) の物質の相を変化させるために必要な熱量 Q_l (J) は式 (1.4) から求められます。

$$Q_l = m \times q_l \tag{1.4}$$

1.3　主な物性値

　物性とは，物質のサイズや形状には依存せずに，物質のおかれている状態・条件が指定されれば自ずと決まる，物質固有の性質を反映する物理量です。調理や食品の加工操作を行う機器や装置，設備の設計や操作法の検討，操作中に生じる各種の反応・変化の予測や制御の際などに，食品の物性が必要となります。いわば技術的パラメーターとして物性が必要です。また，食品（製品）の嗜好的品質および特性を制御・把握するためにも食品の物性に関する知見が必要となります。主に力学関連物性で，美味しさあるいは安全性（誤飲や嚥下障害，食品による窒息などの事故などに関連）の指標として物性が必要となります。

　ここでは伝熱解析でよく用いられる物性値である"密度"，"比熱"，"熱

伝導率"，そして"熱拡散率"を取り上げます。これらの物性値の定義を解説するとともにいくつかの食品に関する値を紹介します。

食品の密度，比熱，熱伝導率，および熱拡散率は温度や成分組成によって異なります。特に食品のこれらの値は水分に影響されます。また，凍結時と未凍結時では，これらの値が異なります。

密度と比熱は，多くの場合，加成性が成り立つ物性値として取り扱うことができます。例えば，比熱の加成性とは，「ある食品の比熱は，その食品を構成する各成分そのものの比熱と各成分の質量分率の積の総和に等しい」ということを表します。空隙を有する食品の密度について加成性を考える際には，空隙率（食品中の空気の体積割合）も考慮する必要があります。一方，熱伝導率と熱拡散率は加成性が成り立たず，温度や成分組成の他に組織構造・空間構造によって異なります。特に空気を含んだ多孔質食品では空隙率がこれらの物性値に影響を及ぼします。

ここでは，これらの物性の特性や推算方法は割愛します。データも含め，これらの食品の物性については参考文献 [1]～[5] などもご参照ください。

1.3.1 密度

密度は物質の単位体積（$1\,\mathrm{m}^3$ または $1\,\mathrm{cm}^3$）あたりの質量であり，SI 単位系における密度の単位は "$\mathrm{kg/m}^3$" または "$\mathrm{g/cm}^3$" です。

粉粒体物質の密度は，表 1.1 に示すように "体積" の取り方によりいくつかに分類されます。

任意の容器に粒子を充填した状態・層を充填層といい，空隙率は充填層

表 1.1　粉粒体物質の密度の種類と定義

密度	定義
粒子密度	粒子1個の質量を，粒子内の閉じた空孔や気泡を含んだ粒子1個の体積で割った値
見かけ粒子密度	粒子1個の質量を，粒子外表面に開いた空孔や割れを含んだ粒子1個の体積で割った値
真密度	割れや内部の空孔や気泡の体積を含まない粒子の固体部分のみの単位体積あたりの質量
かさ密度	任意の容器に充填した粒子の質量を，粒子間の空間も含めた体積で割った値

17

内に含まれた空気の体積割合を表します。粒子や物体内部に含まれる空気の体積割合も空隙率といいます。充填層の空隙率は式 (1.5) のようにかさ密度と粒子密度の値から算出できます。

$$\text{充填層の空隙率}\,(\text{-}) = 1 - \frac{\text{かさ密度}}{\text{粒子密度}} \qquad (1.5)$$

式 (1.5) から算出された空隙率を 100 倍すると，単位は無次元 "-" から "%" に変換されます。また，充填率は次式から求められます。

$$\text{充填層の充填率}\,(\text{-}) = 1 - \text{空隙率}\,(\text{-}) \qquad (1.6)$$

さらに，粒子内の閉じた空孔や気泡を含んだ粒子内あるいは物体内部の空隙率は以下のように粒子密度と真密度の値から算出できます。

$$\text{粒子あるいは物体内部の空隙率}\,(\text{-}) = 1 - \frac{\text{粒子密度}}{\text{真密度}} \qquad (1.7)$$

主要な食品成分およびいくつかの食品の密度を表 1.2 と 1.3 に示しました。

表 1.2　食品主要成分の密度（[6] より改変）

成分	密度(kg/m³)
グルコース	1544
スクロース	1588
デンプン	1500
ゼラチン	1270
セルロース	1270〜1610
タンパク質	1400
脂肪	900〜950
酢酸	1049
NaCl	2163
水(0 ℃)	999.84
氷(0 ℃)	917

表 1.3　いくつかの食品の密度（[6] より改変）

食品	水分(%)	密度(kg/m³)
牛肉	62〜67	1040
牛肉	74	1053
豚肉		1090
鶏肉	69〜75	1070
子羊肉	90	1050
タラ		1100
ニシン		990
スズキ	78.4	1050
キュウリ	96	950
トマト	90.5	1010〜1030
ニンジン	85.8	1040
タマネギ	88	970
カブ	91	1000
バレイショ	79.5	1070〜1140

1.3.2　比熱

比熱は 1 kg の物質の温度を 1 K（あるいは 1 ℃）変化させるのに必要な熱量で，SI 単位系における比熱の単位は "J/(kg・K)" あるいは "J/(kg・℃)" です。比熱には定圧比熱（圧力一定の定圧過程・変化を考えた場合の比熱）と定容比熱（容積一定の定容過程・変化を考えた場合の比熱）がありますが，食品の場合，定圧比熱を扱う場合がほとんどです。また，比熱 c_p（J/(kg・K)）に物体の質量 m（kg）を乗じたものを熱容量（J/K または J/℃）といいます。

純物質や食品成分などの比熱，いくつかの食品の比熱を表 1.4 と 1.5 に示しました。比熱が大きい物質ほど，その温度を変化させるときに多くの熱量が必要です。

1.3.3　熱伝導率

熱伝導率は第 2 章で解説する熱伝導という熱移動形態において，物体が熱を伝える度合いを示す物性値で，SI 単位系における熱伝導率の単位は "W/(m・K)" あるいは "W/(m・℃)" です。以下の式 (1.8) を見ると，熱伝導率は，物質の単位長さ (1 m) あたり 1 K（あるいは 1 ℃）の温度降

表 1.4　純物質・食品成分などの比熱（[7] より改変）

物質	温度(℃)	比熱(kJ/(kg・K))
水	0	4.176
水	25	4.179
氷	0	2.062
空気	27	1.618
ショ糖		1.255
食塩		1.130〜1.339
酢酸	20	2.05
炭水化物	0	1.549
タンパク質	0	2.008
脂肪	0	1.984
繊維質	0	1.846
灰分	0	1.093

表 1.5　いくつかの食品の比熱（[7] より改変）

食品	水分 (%)	凍結温度 (℃)	比熱（未凍結） (kJ/(kg・K))	比熱（凍結） (kJ/(kg・K))
ニンジン	88.2	-1.4	3.77	1.93
ニンジン （乾燥）	4.4		2.092	
タマネギ	87.5	-1.1	3.77	1.93
タマネギ （乾燥）	3.3		1.966	
キュウリ	97		4.1	
パセリ	65〜95		3.18〜4.058	
ホウレンソウ	85〜90		3.766〜3.933	
ホウレンソウ （乾燥）	5.9		1.799	
マッシュルーム	90		3.933	
マッシュルーム （乾燥）	30		2.343	
バレイショ	75		3.515	
バレイショ （乾燥）	6.1		1.715	
カボチャ	90.5		3.85	1.97
サツマイモ	68.5	-1.9	3.14	1.67
牛肉（赤身）	68	-1.7	3.22	1.67
牛肉（乾燥）	5.0〜15		0.92〜1.42	0.80〜1.09
子羊肉	63		3.222	
豚肉	60	-2.2	2.85	1.34
マトン	90		3.891	
タラ		-2.2	3.77	2.05

下が生じているとき，その物質の $1\,\mathrm{m}^2$ あたりに 1 秒間に移動する熱量を表していると捉えることもできます。

$$\frac{\mathrm{W}}{\mathrm{m}\cdot\mathrm{K}} = \frac{\mathrm{W}}{\mathrm{m}^2\times\frac{\mathrm{K}}{\mathrm{m}}} = \frac{\mathrm{J}}{\mathrm{s}\times\mathrm{m}^2\times\frac{\mathrm{K}}{\mathrm{m}}} \tag{1.8}$$

純物質や食品成分などの熱伝導率，いくつかの食品の熱伝導率を表 1.6 と 1.7 に示しました。熱伝導率の大きい物体ほど，物体内部で熱が伝わりやすい（熱が伝わる速度が速い）ことを表します。

表 1.6　純物質・食品成分などの熱伝導率（[7] より改変）

物質	温度(℃)	熱伝導率(W/(m・K))
水	0	0.583
水	60	0.666
氷	0	2.22
空気	20	0.0256
グルコース	0～20	0.257
スクロース	0～20	0.257
バレイショデンプン	0～20	0.362
ゼラチン	0～20	0.237
卵アルブミン	0～20	0.299
タンパク質	0	0.179
炭水化物	0	0.201
脂肪	0	0.181
繊維質	0	0.183
灰分	0	0.33
酢酸	20	0.172

表 1.7　いくつかの食品の熱伝導率（[7] より改変）

食品	水分 (%)	温度 (℃)	熱伝導率 (W/(m・K))
ニンジン	90	28	0.604
キュウリ	95.4	28	0.597
タマネギ	87.3	28	0.574
ブロッコリ		-9〜-4	0.38
エンドウマメ		-20〜-12	0.5
カブ	89.8	24	0.563
カボチャ	87.7	26.1	0.5
バレイショ	81.4	25.5	0.533
トマト	92.3	28	0.425
牛肉	85	2	0.502
（脂肪 0.9 %)		-10	1.38
		-20	1.51
豚肉	72	4	0.46
（脂肪 6.1 %)		-5	1.17
		-20	1.34
子羊肉	71.8	11	0.436
（脂肪 8.7 %)		-5	0.993
		-11	1.048
タラ	83	0	0.543
（脂肪 0.1 %)		-20	1.51
サケ	67	0	1.09
（脂肪 12.6 %)		-10	1.15
		-20	1.23
イカ（脂肪 3.4 %)	78.6	20	0.475
エビ（脂肪 1.2 %)	75.3	20	0.49

1.3.4　熱拡散率

　物質の熱拡散率を α (m^2/s)，熱伝導率を k (W/(m・K))，密度を ρ (kg/m^3)，比熱を c_p (J/(kg・K)) とすると，熱拡散率は式 (1.9) のように定義されます。

$$\alpha = \frac{k}{c_p \times \rho} \tag{1.9}$$

熱拡散率は温度伝導率ともよばれます。熱拡散率は，非定常伝熱における物体内部の温度変化・分布（温度場）を知る上で必要となる熱物性値で，熱が伝わり，温度が変化する速さの指標と捉えることもできます。

（温度の変わりやすさ α）∝

$$\left(\text{その物質の伝熱能力 } k\right) \times \frac{1}{\left(\text{その物体の蓄熱能力 } c_p \times \rho\right)}$$

$$(1.10)$$

主要な食品成分およびいくつかの食品の熱拡散率を表 1.8 と 1.9 に示しました。熱拡散率の値が大きいほど，物体内部の温度が変化しやすいことになります。

表 1.8　食品主要成分の熱拡散率（[7] より改変）

成分	熱拡散率($\times 10^{-7}$ m²/s)
水(0 ℃)	1.4
氷(0 ℃)	11.74
タンパク質	0.67
炭水化物	0.81
脂肪	0.986
繊維質	0.756
灰分	1.25

表 1.9　いくつかの食品の熱拡散率（[7] より改変）

食品	水分 (%)	温度 (℃)	熱拡散率 ($\times 10^{-7}$ m²/s)
ニンジン		20	1.4
キュウリ（果肉）		20	1.39
タマネギ（全）		4〜20	1.41
トマト（全）		7〜23	1.51
トマト（果肉）		4〜26	1.48
ソラマメ		4〜122	1.68
カボチャ（果肉）		25	1.56
バレイショ（果肉）		20	1.48
サツマイモ（全）		0〜42	1.2
牛肉（モモ）	71	40〜65	1.33
牛挽き肉		-22〜-7	4.43
		-27〜-17	6.08
		-35〜-24	10.04
タラ	81	5	1.22
オヒョウ	76	40〜65	1.47
コンビーフ	65	5	1.32
スモークハム	64	5	1.18
フランクフルトソーセージ	73.4	58〜109	2.36
ミートソース	77.3	60〜112	1.46
ラード	0	0〜25	0.61

1.4　定常伝熱と非定常伝熱

　例えばブロッコリやソーセージなどの食品を沸騰したお湯の中で茹でる場合を考えます。茹でる前の食品の温度（初期温度）を 15 ℃とします。これを 100 ℃の湯の中で加熱すると，食品の温度は加熱時間の経過とともに上昇します。しかも，食品は，ある形状・大きさをもちますので，食品内部の温度変化（温度分布）は，食品の外側，内側，中心といった具合に場所によって異なります。このように対象領域内の温度分布（温度場）が時間の経過とともに変わる状態を非定常伝熱といいます。つまり非定常伝熱は過渡的な温度変化を対象とする伝熱です。

　これに対して十分に時間が経過して，対象領域内の温度分布（温度場）が時間とともに変わらない状態を定常伝熱といいます。定常伝熱は温度分布が一定に保たれ，時間変化がない場合の伝熱です。対象領域内すべてで温度一定ということではありません。温度差がなければ熱は伝わりません。定常伝熱は，領域内の場所によって温度の違い（高低）があるのですが，その違いが時間の経過とともに変わらない状態です。

1.5　伝熱量と熱流束

　一般に，伝熱量といえば単位時間 (1 s) あたりに移動する熱量の大きさ (J) を指し，SI 単位系における伝熱量の単位は "W"（ワット．1 W=1 J/s）です。伝熱分野では単位面積 (1 m^2)，単位時間 (1 s) あたりに移動する熱量を熱流束といいます。SI 単位系における熱流束の単位は "W/m^2" です。

　熱が伝わる物体内の面積を伝熱面積といいます。伝熱量を Q (W)，熱流束を q (W/m^2)，伝熱面積を A (m^2) とすると次の関係が成り立ちます。

$$Q = q \times A \qquad (1.11)$$

参考文献

[1] 食品製造・流通データ集編集委員会編：『食品製造・流通データ集』，産業調査会事典出版センター (1998).

[2] 日本食品工学会編：『食品工学ハンドブック』，朝倉書店 (2006).

[3] 日本熱物性学会編：『新編熱物性ハンドブック』，養賢堂 (2008).

[4] Saravacos, G. D. and Maroulis, Z. B.: Transport Properties of Foods, Marcel Dekker, Inc. (2001).

[5] Rahman, M. S. eds.: Food Properties Handbook Second edition, CRC Press (2009).

[6] 宮脇長人：『食品工学ハンドブック』（日本食品工学会編），pp.597-599，朝倉書店 (2006).

[7] 宮脇長人：『食品工学ハンドブック』（日本食品工学会編），pp.614-620，朝倉書店 (2006).

第2章

熱伝導

　本章では伝熱 3 基本形態の 1 つである熱伝導に関して，1 次元定常状態を中心に解説します。

【要点】

- 熱伝導（伝導伝熱）は物体（固体の内部や静止している流体など）の内部に温度差があるとき，熱が温度の高い部分から低い部分へと次々と直接伝わっていく熱移動形態です。
- 熱伝導は固体内部または静止流体内部での熱移動現象と捉えることができます。
- 熱伝導の基本法則はフーリエの法則です。
- フーリエの法則は，「伝熱量は温度差と伝熱面積に比例し，熱の移動距離に反比例する」ということを述べています。
- 物体の形状や積層数などにより 1 次元定常状態におけるフーリエの法則の数式表現は異なります。
- 熱伝導に関与する「物性値」として熱伝導率が挙げられます。
- 熱伝導率が大きいほど熱伝導による伝熱量は多くなります。

2.1　1 次元定常熱伝導

　熱伝導の基礎として，ここでは 1 次元定常熱伝導を解説します。1 次元とは物体内において 1 方向にのみ熱が移動すること，定常とは温度場（温度分布）が時間とともに変化しない状態です。物体形状として平板，円管，および球を取り扱います。また，非定常熱伝導方程式も紹介します。

2.1.1　平板および多層平板

(1) 平板

　図 2.1(a) のような平板があり，平板の厚さ方向（x 軸方向）のみの熱伝導を考えます。この場合，伝熱面積は，x 軸方向に直交する（垂直に交わる）平板の側面積（A m^2）です。左端と右端を比べた場合，平板の左端表面の温度は，右端表面の温度よりも高温で，熱伝導により熱は左端から右

端方向へ移動します。このようにある物体中を熱が伝導によって x 方向に移動する場合，単位時間あたりの伝熱量は，x 方向に垂直な伝熱面積と温度勾配に比例します。これを，微分形式を使うと次式のように表されます。

$$Q = q \times A = -kA\frac{dT}{dx} \tag{2.1}$$

ここで，Q：伝熱量 (W)，q：熱流束 (W/m^2)，A：伝熱面積 (m^2)，k：熱伝導率 (W/(m・K) または W/(m・℃))，dT：微小な温度変化（差）(K または℃)，dx：微小な距離（微小厚さ）(m) で，dT/dx は温度勾配 (K/m または℃/m) です。なお，式 (2.1) における比例定数である熱伝導率は温度によって変化せず（温度の関数ではなく）一定値としています。式 (2.1) をフーリエの法則といいます。

　図 2.1（a）の厚さ方向を真正面から見た模式図が図 2.1(b) です。図 2.1(b) のように平板の左端温度を T_1 (K または℃)，右端温度を T_2 (K または℃) ($T_1 > T_2$)，平板の厚さ（熱の移動距離）を Δx (m) とすると (Δ（デルタ）はギリシャ文字です)，式 (2.1) は次のように書き換えられます。

$$Q = kA\frac{(T_1 - T_2)}{\Delta x} \tag{2.2}$$

式 (2.2) が直交座標系における 1 次元定常熱伝導の温度分布および熱移動を表す基本式です。式 (2.2) は，毎秒平板内を伝わる伝熱量が熱伝導率，伝熱面積，および両境界面の温度差に比例し，厚さに反比例することを示しています。

　図 2.1(b) において平板内の温度分布を実線で示しました。このように熱伝導率が温度によって変化せず一定値の場合は，平板内の温度は直線的に変化します。

【平板の 1 次元定常熱伝導】

$$Q = q \times A = -kA\frac{dT}{dx} \tag{2.3}$$

　式 (2.3) は，式 (2.1) と同一で，微分方程式といわれます。ここでは，式

(2.3) から式 (2.2) を導いてみます。なお，以下の記載において，式 (2.13) は式 (2.2) と同一です。式 (2.3) を式 (2.4) のように変形し，式 (2.4) の両辺を不定積分する（式 (2.5) および式 (2.6)）と，式 (2.7) が得られます。式 (2.7) における c_1 は積分定数です。ここで，伝熱量 Q は x 座標の関数ではないこと，また，伝熱面積 A および熱伝導率 k は温度の関数ではないことも適用しています。

$$Qdx = -kAdT \tag{2.4}$$

$$\int Qdx = -\int kAdT \tag{2.5}$$

$$Q\int dx = -kA\int dT \tag{2.6}$$

$$Qx = -kAT + c_1 \tag{2.7}$$

ここで境界条件：$x = 0$ のとき $T = T_1$ を式 (2.7) に代入して積分定数 c_1 を決定します。

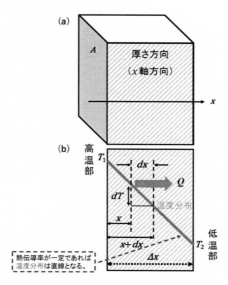

図 2.1　フーリエの法則（平板）

$$Q \times 0 = -kAT_1 + c_1 \tag{2.8}$$

$$c_1 = kAT_1 \tag{2.9}$$

$$\therefore Qx = -kAT + kAT_1 \tag{2.10}$$

さらに境界条件：$x = \Delta x$ のとき $T = T_2$ を式 (2.10) に代入して整理します。

$$Q\Delta x = -kAT_2 + kAT_1 \tag{2.11}$$

$$Q = -kA\frac{(T_2 - T_1)}{\Delta x} \tag{2.12}$$

$$\therefore Q = kA\frac{(T_1 - T_2)}{\Delta x} \tag{2.13}$$

(2) 多層平板

　図 2.2 に示すような n 層（n 枚）の平板が重なった場合の多層（n 層）平板に関する 1 次元定常熱伝導の温度分布および熱移動に関する式は，以下の式 (2.14) のように表されます（この図の場合，第 1 層（最左端）平板の左端温度 T_1 が最も高いため，左から右方向へ熱移動現象が起きる）。

$$Q = q \times A = A\frac{(T_1 - T_{n+1})}{\frac{x_1}{k_1} + \frac{x_2}{k_2} + \frac{x_3}{k_3} + \ldots + \frac{x_n}{k_n}} = A\frac{(T_1 - T_{n+1})}{\sum_{i=1}^{n}\left(\frac{x_i}{k_i}\right)} \tag{2.14}$$

ここで，Q：伝熱量 (W)，q：熱流束 (W/m^2)，A：伝熱面積 (m^2)，T_1：第 1 層（最左端）平板の左端温度 (K または℃)，T_{n+1}：第 n 層（最右端）平板の右端温度 (K または℃)，x_i：第 i 層の厚さ (m)，k_i：第 i 層の熱伝導率

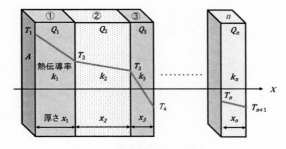

図 2.2　多層平板における熱伝導

$(W/(m \cdot K)$ または $W/(m \cdot ℃))$ で，$T_1 > T_2 > T_3 > T_4 \ldots > T_n > T_{n+1}$ の関係が成り立ちます。なお，図 2.2 における各層（各平板）内に示した実線は温度変化を示します。この場合も各層の熱伝導率が温度によって変化せず一定値で，各層（各平板）ごとに勾配は異なりますが，各層内において温度は直線的に変化します。

【3 層平板の 1 次元定常熱伝導】

図 2.2 の①，②，③からなる 3 層平板を例にして多層平板の 1 次元定常熱伝導を表す式を導いてみます。まず，①，②，③の各層の 1 次元定常熱伝導を個別に考えると，各層における熱伝導は，それぞれ以下のように表すことができます。

$$①: Q_1 = k_1 A \frac{(T_1 - T_2)}{x_1} \tag{2.15}$$

$$②: Q_2 = k_2 A \frac{(T_2 - T_3)}{x_2} \tag{2.16}$$

$$③: Q_3 = k_3 A \frac{(T_3 - T_4)}{x_3} \tag{2.17}$$

上の①～③式（式 (2.15)～(2.17)）における Q_1，Q_2，および Q_3 は各層における伝熱量を表しますが，いま，定常状態を考えていますので，$Q_1 = Q_2 = Q_3$ の関係が成り立ち（この関係が成り立たなければ，伝熱量の差にあたる余分な熱量は常に蓄積されることになり，その結果，時間の経過とともに，そこに温度の変化を生じて定常状態を維持できなくなります），これらを改めて Q と置き換えます。そして，①～③式（式 (2.15)～(2.17)）を，それぞれ，左辺が温度差になるように以下のように変形します。

$$①': T_1 - T_2 = \frac{Q}{A} \times \frac{x_1}{k_1} \tag{2.18}$$

$$②': T_2 - T_3 = \frac{Q}{A} \times \frac{x_2}{k_2} \tag{2.19}$$

$$③': T_3 - T_4 = \frac{Q}{A} \times \frac{x_3}{k_3} \tag{2.20}$$

次に，個々の平板の 1 次元定常熱伝導を統合して，3 層で考えます。各層

の温度差を合計したものが全体の温度差となりますので，①′〜③′ 式（式 (2.18)〜(2.20)）の辺々を加えて整理すると以下の式が導かれます（①′〜③′ 式（式 (2.18)〜(2.20)）において，左辺は左辺，右辺は右辺で上から下まで加え合わせる）。

$$T_1 - T_4 = \frac{Q}{A} \times \left(\frac{x_1}{k_1} + \frac{x_2}{k_2} + \frac{x_3}{k_3} \right) \tag{2.21}$$

$$Q = A \frac{(T_1 - T_4)}{\left(\frac{x_1}{k_1} + \frac{x_2}{k_2} + \frac{x_3}{k_3} \right)} = A \frac{(T_1 - T_4)}{\sum_{i=1}^{3} \left(\frac{x_i}{k_i} \right)} \tag{2.22}$$

また，加比の理を使うと式 (2.22) は次のようにも導くことができます。
加比の理：

$$\frac{a}{b} = \frac{c}{d} = \frac{e}{f} = \frac{(a + c + e)}{(b + d + f)} \tag{2.23}$$

①〜③式（式 (2.15)〜(2.17)）を書き改めると，

$$①'' : Q = A \frac{(T_1 - T_2)}{\frac{x_1}{k_1}} \tag{2.24}$$

$$②'' : Q = A \frac{(T_2 - T_3)}{\frac{x_2}{k_2}} \tag{2.25}$$

$$③'' : Q = A \frac{(T_3 - T_4)}{\frac{x_3}{k_3}} \tag{2.26}$$

①″〜③″ 式（式 (2.24)〜(2.26)）から

$$Q = A \frac{(T_1 - T_2)}{\frac{x_1}{k_1}} = A \frac{(T_2 - T_3)}{\frac{x_2}{k_2}} = A \frac{(T_3 - T_4)}{\frac{x_3}{k_3}} \tag{2.27}$$

加比の理より

$$Q = A \frac{(T_1 - T_2) + (T_2 - T_3) + (T_3 - T_4)}{\frac{x_1}{k_1} + \frac{x_2}{k_2} + \frac{x_3}{k_3}} = A \frac{(T_1 - T_4)}{\left(\frac{x_1}{k_1} + \frac{x_2}{k_2} + \frac{x_3}{k_3} \right)}$$

$$= A \frac{(T_1 - T_4)}{\sum_{i=1}^{3} \left(\frac{x_i}{k_i} \right)} \tag{2.28}$$

2.1.2 　円管および多層円管

(1) 円管

　図 2.3 のような長さ l (m)，内半径 r_1 (m)，外半径 r_2 (m) の円管（中空円筒）内部での熱伝導を考えます。内表面，外表面はそれぞれ一定温度 T_1 (K または℃)，T_2 (K または℃) に保たれていて ($T_1 > T_2$)，円管の内側から外側への半径 r 方向にのみ熱伝導により熱が伝わると仮定します。また，ここでも物体の熱伝導率 k は温度によって変わらず一定値とします。このときフーリエの法則より，この円管内の伝熱量 Q (W) は，微分形式を使うと以下のように表されます。

$$Q = -kA\frac{dT}{dr} = -k\,(2\pi rl)\,\frac{dT}{dr} \tag{2.29}$$

ここで，Q：伝熱量 (W)，A：伝熱面積 (m^2)，k：熱伝導率 (W/(m・K) または W/(m・℃))，r：円管の半径 (m)，l：円管の長さ (m)，dT：微小な温度変化（差）(K または℃)，dr：微小な距離（微小半径）(m) で，dT/dr は温度勾配 (K/m または℃/m) です。式 (2.29) において伝熱面積 A は円管の半径により異なりますので，$A = 2\pi rl$ と表されます。

　図 2.3 に示したように内半径 r_1 (m)（内径：d_1 (m)）における温度を T_1 (K または℃)，外半径 r_2 (m)（外径：d_2 (m)）における温度を T_2 (K または℃) とすると式 (2.29) から次の式 (2.30) が得られます（この場合も

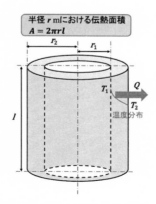

図 2.3 　フーリエの法則（円管）

熱伝導率は温度によって変化せず一定値としています)。

$$Q = \frac{2\pi kl\,(T_1 - T_2)}{\ln\left(\frac{r_2}{r_1}\right)} = \frac{2\pi kl\,(T_1 - T_2)}{\ln\left(\frac{d_2}{d_1}\right)} \tag{2.30}$$

式 (2.30) における $\ln$ は自然対数を表します。また外半径と内半径の比 r_2/r_1 の値と外径と内径の比 d_2/d_1 の値は同じです。式 (2.30) が円柱座標系における 1 次元定常熱伝導の温度分布および熱移動を表す基本式です。式 (2.30) は円管壁を通って毎秒伝わる伝熱量が熱伝導率，伝熱面積，および両境界面の温度差に比例し，管の内径あるいは外径の比の自然対数に反比例することを示しています。

熱伝導率が温度によって変わらず一定値のとき，円管内の任意位置 $(r = r_x : r_1 \le r_x \le r_2)$ における温度 (T_x) は以下のように表されます。

$$T_x = T_1 - \frac{(T_1 - T_2)}{\ln\left(\frac{r_2}{r_1}\right)} \ln\left(\frac{r_x}{r_1}\right) \tag{2.31}$$

式 (2.31) より温度分布は対数曲線で表されることがわかります。図 2.3 において円管内の温度分布を実線で示しました。このように円管の場合は，温度は曲線的（対数曲線）に変化します。ちなみに式 (2.31) は，以下の 2 式（式 (2.32) と (2.33)）の辺々を差し引くことにより，あるいは以下の 2 式（式 (2.32) と (2.33)）の等号関係により得られます。

$$Q = \frac{2\pi kl\,(T_1 - T_2)}{\ln\left(\frac{r_2}{r_1}\right)} \tag{2.32}$$

$$Q = \frac{2\pi kl\,(T_1 - T_x)}{\ln\left(\frac{r_x}{r_1}\right)} \tag{2.33}$$

【円管の 1 次元定常熱伝導】

$$Q = -kA\frac{dT}{dr} = -k\,(2\pi rl)\,\frac{dT}{dr} \tag{2.34}$$

式 (2.34) は式 (2.29) と同一です。ここでは式 (2.34) から式 (2.30) を導いてみます。以下の記載において，式 (2.42) は式 (2.30) と同一です。式

(2.34) を式 (2.35) のように変形し，両辺を不定積分すると（式 (2.36)），式 (2.37) が得られます。式 (2.37) における c_2 は積分定数です。ここで，伝熱量 Q は r 座標の関数ではないこと，熱伝導率 k は r 座標の関数ではなく，また温度の関数でもないこと，円管の長さ l は一定値であることも適用しています。

※積分公式：$\displaystyle\int \frac{1}{x}dx = \ln x + const.$

$$dT = -\frac{Q}{2\pi kl}\frac{dr}{r} \tag{2.35}$$

$$\int dT = -\frac{Q}{2\pi kl}\int \frac{dr}{r} \tag{2.36}$$

$$T = -\frac{Q}{2\pi kl}\ln r + c_2 \tag{2.37}$$

ここで境界条件：$r = r_1$ のとき $T = T_1$，また：$r = r_2$ のとき $T = T_2$ をそれぞれ式 (2.37) に代入します。

$$T_1 = -\frac{Q}{2\pi kl}\ln r_1 + c_2 \tag{2.38}$$

$$T_2 = -\frac{Q}{2\pi kl}\ln r_2 + c_2 \tag{2.39}$$

上の 2 式（式 (2.38) と (2.39)）の辺々の差をとって整理すると式 (2.42) が得られます。

※対数の性質：$\ln A - \ln B = \ln\left(\dfrac{A}{B}\right)$

$$T_1 - T_2 = -\frac{Q}{2\pi kl}(\ln r_1 - \ln r_2) \tag{2.40}$$

$$T_1 - T_2 = \frac{Q}{2\pi kl}(\ln r_2 - \ln r_1) = \frac{Q}{2\pi kl}\ln\left(\frac{r_2}{r_1}\right) \tag{2.41}$$

$$\therefore Q = \frac{2\pi kl\,(T_1 - T_2)}{\ln\left(\frac{r_2}{r_1}\right)} = \frac{2\pi kl\,(T_1 - T_2)}{\ln\left(\frac{d_2}{d_1}\right)} \tag{2.42}$$

(2) 多層円管

　図2.4に示すようなn層の円管（長さl (m)）が重なった場合の多層（n層）円管に関する1次元定常熱伝導の温度分布および熱移動に関する式は以下の式 (2.43) のように表されます（この図の場合，第1層（最も内側）円管の内半径r_1における温度T_1が最も高いため，中心から外側の円管（第n層の円管）へ熱移動現象が起きる）。

$$Q = \frac{2\pi l\,(T_1 - T_{n+1})}{\frac{1}{k_1}\ln\left(\frac{r_2}{r_1}\right) + \frac{1}{k_2}\ln\left(\frac{r_3}{r_2}\right) + \frac{1}{k_3}\ln\left(\frac{r_4}{r_3}\right) + \ldots + \frac{1}{k_n}\ln\left(\frac{r_{n+1}}{r_n}\right)}$$

$$= \frac{2\pi l\,(T_1 - T_{n+1})}{\sum_{i=1}^{n}\frac{1}{k_i}\ln\left(\frac{r_{i+1}}{r_i}\right)} \tag{2.43}$$

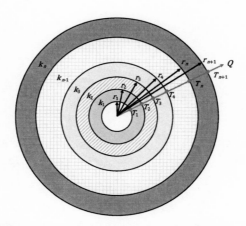

図 2.4　多層円管における熱伝導（多層円管の断面を真正面から見た模式図）

ここで，Q：伝熱量 (W)，l：円管の長さ (m)，T_1：第1層（最も内側）円管の内半径r_1における温度 (K または℃)，T_{n+1}：第 n 層（最も外側）円管の外半径r_{n+1}における温度 (K または℃)，k_i：第 i 層の熱伝導率 (W/(m・K) または W/(m・℃))，r_i：第 i 層の内半径 (m)，r_{i+1}：第 i 層の外半径 (m) で，$T_1 > T_2 > T_3 > T_4 \ldots > T_n > T_{n+1}$，$r_1 < r_2 < r_3 < r_4 \ldots < r_n < r_{n+1}$ の関係が成り立ちます。式 (2.43) にお

いて半径 r の代わりに直径 d を用いても構いません。なお，この式において
ても各層の熱伝導率は温度によって変化せず一定値としています。また，
温度については，単一円管の場合と同様に各層内において曲線的に変化し
ます。

【3 層円管の 1 次元定常熱伝導】

　3 層円管を例にして多層平板の 1 次元定常熱伝導を表す式を導いてみ
ます。導出方法は多層平板の場合と同様です。第 1 層（最も内側の円管。
①），第 2 層（中央の円管。②），および第 3 層（最も外側の円管。③）の
各層における 1 次元定常熱伝導を個別に考えると，各層における熱伝導
は，それぞれ以下の式 (2.44)〜(2.46) のように表すことができます。

$$①: Q_1 = \frac{2\pi k_1 l\,(T_1 - T_2)}{\ln\left(\frac{r_2}{r_1}\right)} \tag{2.44}$$

$$②: Q_2 = \frac{2\pi k_2 l\,(T_2 - T_3)}{\ln\left(\frac{r_3}{r_2}\right)} \tag{2.45}$$

$$③: Q_3 = \frac{2\pi k_3 l\,(T_3 - T_4)}{\ln\left(\frac{r_4}{r_3}\right)} \tag{2.46}$$

　いま，定常状態を考えていますので，上の①〜③式（式 (2.24)〜
(2.46)）において各層における伝熱量は等しいという関係が成り立ちます
（$Q_1 = Q_2 = Q_3 = Q$）。多層平板の場合と同様に，①〜③式（式 (2.24)〜
(2.46)）を，それぞれ，左辺が温度差になるように変形して辺々を加え合
わせる，または加比の理を使うと次の式 (2.47) が得られます。

$$Q = \frac{2\pi l\,(T_1 - T_4)}{\frac{1}{k_1}\ln\left(\frac{r_2}{r_1}\right) + \frac{1}{k_2}\ln\left(\frac{r_3}{r_2}\right) + \frac{1}{k_3}\ln\left(\frac{r_4}{r_3}\right)} = \frac{2\pi l\,(T_1 - T_4)}{\sum_{i=1}^{3}\frac{1}{k_i}\ln\left(\frac{r_{i+1}}{r_i}\right)}$$

$$\tag{2.47}$$

2.1.3　球

　内半径 r_1 (m)，外半径 r_2 (m) の中空の球状壁を考え，半径 r 方向にの
み熱伝導により熱が伝わると仮定します。中心から r_1 の距離にある内壁

の温度は T_1 (℃)，中心から r_2 の距離にある外壁の温度は T_2 (℃) に保たれているとします。$T_1 > T_2$ の場合，球壁の内側から外側へ熱が伝わります。また，ここでも物体の熱伝導率 k は温度や座標によらず一定値とすると，フーリエの法則より，このときの球状壁内の伝熱量 Q (W) は，微分形式を使うと以下の式 (2.48) のように表されます。

$$Q = -kA\frac{dT}{dr} = -k\left(4\pi r^2\right)\frac{dT}{dr} \tag{2.48}$$

ここで，Q：伝熱量 (W)，A：伝熱面積 (m^2)，k：熱伝導率 (W/(m・K) または W/(m・℃))，r：球の半径 (m)，dT：微小な温度変化（差）(K または℃)，dr：微小な距離（微小半径）(m) で，dT/dr は温度勾配 (K/m または℃/m) です。式 (2.48) において伝熱面積 A は球の半径により異なりますので，$A = 4\pi r^2$ と表されます。ここで r_1：内半径 (m)，r_2：外半径 (m)，d_1：内径 (m)，d_2：外径 (m)，T_1：$r = r_1 = d_1$ における温度 (K または℃)，T_2：$r = r_2 = d_2$ における温度 (K または℃)，δ：壁の厚さ (m)，$\delta = r_2 - r_1 = (d_2 - d_1)/2$ とすると，式 (2.48) から次の式 (2.49) が得られます。

$$Q = \frac{4\pi k\,(T_1 - T_2)}{\left(\frac{1}{r_1}\right) - \left(\frac{1}{r_2}\right)} = \frac{2\pi k\,(T_1 - T_2)}{\left(\frac{1}{d_1}\right) - \left(\frac{1}{d_2}\right)} = \pi k\,(T_1 - T_2)\frac{d_1 d_2}{\delta} \tag{2.49}$$

熱伝導率が温度によって変わらず一定値のとき，球状壁内の任意位置 $(d = d_x : d_1 \leq d_x \leq d_2)$ における温度 (T_x) は以下の式 (2.50) のように表されます。

$$T_x = T_1 - \frac{(T_1 - T_2)}{\left(\frac{1}{d_1}\right) - \left(\frac{1}{d_2}\right)}\left(\frac{1}{d_1} - \frac{1}{d_x}\right) \tag{2.50}$$

式 (2.50) より球状壁の温度分布は双曲線で表されることがわかります。ちなみに式 (2.50) は，以下の 2 式（式 (2.51) と (2.52)）の辺々を差し引くことにより，あるいは以下の 2 式（式 (2.51) と (2.52)）の等号関係により得られます。

$$Q = \frac{2\pi k\,(T_1 - T_2)}{\left(\frac{1}{d_1}\right) - \left(\frac{1}{d_2}\right)} \tag{2.51}$$

$$Q = \frac{2\pi k \left(T_1 - T_x \right)}{\left(\frac{1}{d_1} \right) - \left(\frac{1}{d_x} \right)} \tag{2.52}$$

【中空の球状壁の 1 次元定常熱伝導】

$$Q = -kA \frac{dT}{dr} = -k \left(4\pi r^2 \right) \frac{dT}{dr} \tag{2.53}$$

　式 (2.53) は式 (2.48) と同一です。ここでは，式 (2.53) から式 (2.49) を導いてみます。なお，以下の記載において，式 (2.60) は式 (2.49) と同一です。式 (2.53) を式 (2.54) のように変形し，両辺を不定積分すると（式 (2.55)），式 (2.56) が得られます。式 (2.56) における c_3 は積分定数です。ここで，伝熱量 Q は r 座標の関数ではないこと，熱伝導率 k は r 座標の関数ではなく，また温度の関数でもないことも適用しています。

$$dT = -\frac{Q}{4\pi k} \frac{1}{r^2} dr \tag{2.54}$$

$$\int dT = -\frac{Q}{4\pi k} \int \frac{1}{r^2} dr = -\frac{Q}{4\pi k} \int r^{-2} dr \tag{2.55}$$

$$T = -\frac{Q}{4\pi k} \left(-1 \right) \frac{1}{r} + c_3 = \frac{Q}{4\pi k} \frac{1}{r} + c_3 \tag{2.56}$$

ここで境界条件：$r = r_1$ のとき $T = T_1$，また：$r = r_2$ のとき $T = T_2$ をそれぞれ式 (2.56) に代入します。

$$T_1 = \frac{Q}{4\pi k} \frac{1}{r_1} + c_3 \tag{2.57}$$

$$T_2 = \frac{Q}{4\pi k} \frac{1}{r_2} + c_3 \tag{2.58}$$

　上の 2 式（式 (2.57) と (2.58)）の辺々の差をとって整理すると次の式 (2.60) が得られます。

$$T_1 - T_2 = \frac{Q}{4\pi k} \left(\frac{1}{r_1} - \frac{1}{r_2} \right) \tag{2.59}$$

$$\therefore Q = \frac{4\pi k \left(T_1 - T_2 \right)}{\left(\frac{1}{r_1} \right) - \left(\frac{1}{r_2} \right)} \tag{2.60}$$

2.2　非定常熱伝導の基本式

　これまで 1 次元定常状態における熱伝導を取り扱ってきました。ここでは時間とともに物体内の温度分布や勾配が変化するときの熱伝導：非定常熱伝導はどのような数式で表されるのかを紹介します。また，物体内部で発熱がない場合（発熱源あるいは発熱項がない場合）を示します。以下の式において，ρ：密度 (kg/m^3)，c_p：比熱 (J/(kg・K))，k：熱伝導率 (W/(m・K))，α：熱拡散率 (m^2/s) です。

　図 2.5(a) に示した直交座標系における 3 次元非定常熱伝導方程式は，以下の式 (2.61) のように表されます。

$$\rho c_p \frac{\partial T}{\partial t} = \frac{\partial}{\partial x}\left(k\frac{\partial T}{\partial x}\right) + \frac{\partial}{\partial y}\left(k\frac{\partial T}{\partial y}\right) + \frac{\partial}{\partial z}\left(k\frac{\partial T}{\partial z}\right) \tag{2.61}$$

式 (2.61) では温度 T が時間 t と場 (x, y, z) の方程式として表されています。つまり，式 (2.61) は，時間 t の進行に伴って，物体内の各座標位置 (x, y, z) における温度 T の分布がどのように変化するのかを示しています。熱伝導率 k が温度によって変わらず一定値の場合，式 (2.61) は次式のように変形することができます。

熱伝導率が一定の場合：

$$\rho c_p \frac{\partial T}{\partial t} = k\left(\frac{\partial^2 T}{\partial x^2} + \frac{\partial^2 T}{\partial y^2} + \frac{\partial^2 T}{\partial z^2}\right) \tag{2.62}$$

または

$$\frac{\partial T}{\partial t} = \frac{k}{\rho c_p}\left(\frac{\partial^2 T}{\partial x^2} + \frac{\partial^2 T}{\partial y^2} + \frac{\partial^2 T}{\partial z^2}\right) = \alpha\left(\frac{\partial^2 T}{\partial x^2} + \frac{\partial^2 T}{\partial y^2} + \frac{\partial^2 T}{\partial z^2}\right) \tag{2.63}$$

　また，熱伝導率 k が一定値の場合の 2 次元および 1 次元非定常熱伝導方程式は，それぞれ以下のように表されます。

熱伝導率が一定で 2 次元の場合：

$$\frac{\partial T}{\partial t} = \alpha\left(\frac{\partial^2 T}{\partial x^2} + \frac{\partial^2 T}{\partial y^2}\right) \tag{2.64}$$

熱伝導率が一定で 1 次元の場合：

$$\frac{\partial T}{\partial t} = \alpha \left(\frac{\partial^2 T}{\partial x^2} \right) \tag{2.65}$$

図 2.5(b) に示した円柱座標系（円筒座標系ともいう）における 3 次元非定常熱伝導方程式は以下のように表されます。

$$\rho c_p \frac{\partial T}{\partial t} = \frac{1}{r} \frac{\partial}{\partial r} \left(kr \frac{\partial T}{\partial r} \right) + \frac{1}{r^2} \frac{\partial T}{\partial \phi} \left(k \frac{\partial T}{\partial \phi} \right) + \frac{\partial}{\partial z} \left(k \frac{\partial T}{\partial z} \right) \tag{2.66}$$

熱伝導率が一定の場合：

$$\rho c_p \frac{\partial T}{\partial t} = k \left[\frac{1}{r} \frac{\partial}{\partial r} \left(r \frac{\partial T}{\partial r} \right) + \frac{1}{r^2} \frac{\partial^2 T}{\partial \phi^2} + \frac{\partial^2 T}{\partial z^2} \right] \tag{2.67}$$

図 2.5(c) に示した球座標系では以下のように表されます。

$$\rho c_p \frac{\partial T}{\partial t} = \frac{1}{r^2} \frac{\partial}{\partial r} \left(kr^2 \frac{\partial T}{\partial r} \right) + \frac{1}{r^2 \sin \theta} \frac{\partial}{\partial \theta} \left(k \sin \theta \frac{\partial T}{\partial \theta} \right)$$
$$+ \frac{1}{r^2 \sin^2 \theta} \frac{\partial}{\partial \phi} \left(k \frac{\partial T}{\partial \phi} \right) \tag{2.68}$$

熱伝導率が一定の場合：

$$\rho c_p \frac{\partial T}{\partial t} = \frac{k}{r^2} \left[\frac{\partial}{\partial r} \left(r^2 \frac{\partial T}{\partial r} \right) + \frac{1}{\sin \theta} \frac{\partial}{\partial \theta} \left(\sin \theta \frac{\partial T}{\partial \theta} \right) + \frac{1}{\sin^2 \theta} \frac{\partial^2 T}{\partial \phi^2} \right]$$
$$\tag{2.69}$$

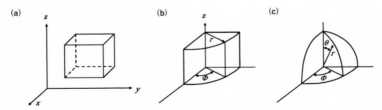

図 2.5　各種座標系　(a) 直交座標系，(b) 円柱座標系（円筒座標系），(c) 球座標系

第3章

熱伝達

本章では伝熱 3 基本形態の 1 つである熱伝達を解説します。

【要点】

- 熱伝達（対流伝熱）は運動している流体から固体壁表面へ，あるいは逆に固体壁表面から流体へ熱が伝わっていく熱移動形態です。
- 熱伝達は移動を伴う流体と固体表面との間の熱移動現象と捉えることができます。
- 熱伝達の基本法則はニュートンの冷却の法則です。
- ニュートンの冷却の法則は，「伝熱量は温度差と伝熱面積に比例する」ということを述べています。
- 熱伝達に関与する「物理量」として熱伝達係数（熱伝達率）があります。
- 熱伝達係数が大きいほど熱伝達による伝熱量は多くなります。

3.1　自然対流と強制対流

　流体の密度は，通常，温度の上昇とともに小さくなります。そのため重力場においては，高温部付近の流体は浮力のため上昇します。このように流体中に温度差が生じたとき，密度の差による浮力の影響で，流体内部に起こる流れを自然対流といいます。一方，ポンプや送風機などによって，他からの強制力により生じる流れを強制対流といいます。

　自然対流と強制対流では流れの構造が異なり，熱伝達による伝熱量も異なります。そのため，熱伝達の解析においては，考察対象の対流が，自然対流であるのか，強制対流であるのかを把握することが重要です。なぜなら，これらが後述する熱伝達係数に大きく影響を及ぼすからです。また，一般に熱伝達（対流伝熱）は自然対流伝熱と強制対流伝熱に分けられますが，ここでは，自然対流伝熱および強制対流伝熱の様相・構造やメカニズムなどには触れず，主として熱伝達による伝熱量に着目して解説します。

3.2 ニュートンの冷却の法則

　熱伝達の概念図を図 3.1 に示しました。この図は高温の平板（壁）から低温の流体への熱伝達を示しています。流体の温度分布（変化）も模式的に実線で示しています。この図に示したように平板近傍では流体の温度が急激に変化する流体層（領域）が生じます。この層を温度境界層といいます。温度境界層外では流体の温度はある一定とみなすことができます。温度境界層外の流体温度のことを主流温度ともいいます。ちなみに温度境界層内では流体の流れの乱れがないために，平板から温度境界層内には熱伝導により熱が伝わると考えることができます。

　また，平板近傍では温度ばかりでなく，流体の速度も変化します。平板近傍の速度変化のある層を速度境界層といいます。このように平板（固体）付近で温度境界層や速度境界層が存在する，すなわち流体内部に温度分布や速度分布があり，流体の動き・流れを伴った伝熱であることが熱伝達の特徴の一つです。

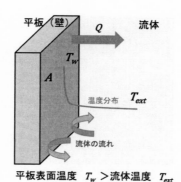

図 3.1　熱伝達の概念図

　熱伝達の基本法則はニュートンの冷却の法則です。図 3.1 に示したように平板表面温度を T_w (K または℃)，流体温度（主流温度）を T_{ext} (K または℃)，伝熱面積を A (m^2)，伝熱量を Q (W) とすると，$T_w > T_{ext}$ の場合，この法則は次の式 (3.1) のように表されます。

$$Q = hA\,(T_w - T_{ext}) \tag{3.1}$$

この場合，平板表面から流体へ熱が伝わります。また，逆に $T_{ext} > T_w$ の場合は流体から平板表面へ熱が伝わり，以下の式 (3.2) が成り立ちます。

$$Q = hA\,(T_{ext} - T_w) \tag{3.2}$$

上の 2 つの式（式 (3.1) と式 (3.2)）は，伝熱量が伝熱面積および平板表面温度と流体温度（主流温度）の差に比例することを示しています。これらの式における比例定数 h は熱伝達係数（平均熱伝達率あるいは熱伝達率）といい，SI 単位系での単位は W/(m² · K) あるいは W/(m² · ℃) です。熱伝達係数は，熱伝導率と異なり，物性値ではないことに注意してください。熱伝達係数は流体の物性のみでは定まらず，流れの性質にも強く依存する物理量です。

3.3 熱伝達係数

3.2 節で述べたように，熱伝達係数は物性値ではなく，流体の性質（流体物性：密度，比熱，熱伝導率，粘度など）や流れの特性（流体の流速），流れの状態（強制対流，自然対流，層流，乱流），流路の幾何特性，流体と接触する固体物体表面の粗さなどにより変化します。熱伝達係数の値を一般的に示すことは難しいのですが，熱伝達係数の概略値を表 3.1 と表 3.2 に示しました。

表 3.1 や表 3.2 から，同じ流体では自然対流よりも強制対流の方が，また同じ対流であれば気体よりも液体の方が，熱伝達係数が大きくなる傾向があることがわかります。

詳細は割愛しますが，伝熱解析や流体解析の分野では以下のように定義されるレイノルズ数 Re やヌセルト数 Nu，プラントル数 Pr，グラフホフ数 Gr などの無次元数が使われます。無次元数とは，値が単位系に依存しない物理量あるいは物理量の組み合わせです。無次元数は，質量，長さ，時間，温度などの基本単位のすべての指数が 0 となり，次元（基本単位の指数）をもちません。

表 3.1 　熱伝達係数の概略値① （[1] より改変）

物質	熱伝達係数(W/(m²・K))
滴状凝縮[*1]中の水	$(3.5 \sim 5.8) \times 10^4$
沸騰中の水	$(1.2 \sim 2.3) \times 10^4$
膜状凝縮[*2]中の水	$(4.7 \sim 9.3) \times 10^3$
強制対流中の水	$(1.2 \sim 5.8) \times 10^3$
強制対流中の過熱蒸気[*3]	$(5.8 \sim 23.3) \times 10^2$
自然対流中の水	$(2.3 \sim 5.8) \times 10^2$
強制対流中の空気およびガス類	$(2.3 \sim 9.3) \times 10$
自然対流中の空気（高温度差）	$4.7 \sim 11.6$
自然対流中の空気（低温度差）	$2.3 \sim 7.0$

*1：固体表面に凝縮して生じた液相の形状が滴状のときの凝縮
*2：固体表面に凝縮して生じた液相の形状が膜状のときの凝縮
*3：沸点以上の高温に加熱した蒸気

表 3.2 　熱伝達係数の概略値② [2]

対流	物質	熱伝達係数(W/(m²・K))
自然対流	ガス	$3 \sim 29$
	水	$120 \sim 700$
	水の沸騰	$1200 \sim 23000$
強制対流	ガス	$10 \sim 120$
	粘性流体	$60 \sim 580$
	水	$580 \sim 1200$
	蒸気の凝縮	$1200 \sim 12000$

$$Re = \frac{Lu_\infty \rho}{\mu} \tag{3.3}$$

$$Nu = \frac{Lh}{k} \tag{3.4}$$

$$Pr = \frac{c_p \mu}{k} \tag{3.5}$$

$$Gr = \frac{L^3 g \beta \Delta T}{\nu^2} \tag{3.6}$$

ここで，c_p：比熱 (J/(kg・K))，g：重力加速度 (9.81 m/s²)，h：熱伝達係数 (W/(m²・K))，k：熱伝導率 (W/(m・K))，L：代表長さ（例えば内径）(m)，u_∞：流速もしくは主流速度 (m/s)，β：体膨張係数 (1/K)，μ：粘度あるいは粘性係数 (Pa・s)，ν：動粘度あるいは動粘性係数 (m²/s)，ρ：密度 (kg/m³)，ΔT：代表的な温度差（例えば物体表面と物体から離

れた流体温度の差）(K) です。

　熱伝達係数に関する実験式は上記のような無次元数を用いて整理され，流れの状況に応じていろいろと発表されていますが，一般に以下のような関数形で表されます。

強制対流の場合：

$$Nu = f(Re, Pr) \tag{3.7}$$

自然対流の場合：

$$Nu = f(Gr, Pr) \tag{3.8}$$

例えば，管長/管径が 60 以上で，円管内の発達した乱流の強制対流伝熱の場合，以下の相関式 [3] が適用できます (適用範囲：$0.7 \leq Pr \leq 120$, $10^4 \leq Re \leq 1.2 \times 10^5$)。

$$Nu = 0.023 Re^{0.8} Pr^{0.4} \tag{3.9}$$

乱流とは不規則な大小の渦で構成される乱れた流れと捉えることができます。ちなみに粘性の影響が支配的で，整った流れと捉えることができる流れを層流といい，層流と乱流の判別にレイノルズ数が用いられ，これらの判別も流体解析や伝熱解析では重要です。

　任意の形状物体において，ある与えられた流れの熱伝達係数は一般的に以下のように求めます [4]。

① その物体形状と流れの形式によって，その熱伝達に最も強く関与する代表長さと代表速度を選定します。

② 流体の平均温度を概算して求め，その温度に対する粘度 μ, 密度 ρ, 熱伝導率 k, プラントル数 Pr などの値を求めます。

③ レイノルズ数 Re を計算して，流れが層流であるか，乱流であるか判定します。

④ ③の判定に基づいて便覧などから適当なヌセルト数 Nu の相関式を選びます。

$$Nu = f(Re, Pr)，あるいは Nu = f(Gr, Pr)$$

⑤ ④の相関式にレイノルズ数 Re やプラントル数 Pr，あるいはグラフホフ数 Gr を代入してヌセルト数を求めます。

⑥ ⑤で求めたヌセルト数 Nu の値から，ヌセルト数の定義式を変形した次式から熱伝達係数 h を求めます。

$$h = \frac{Nuk}{L} \tag{3.10}$$

熱伝達係数に関する実験式や沸騰や凝縮を伴う熱伝達に関しては，伝熱に関する専門書や便覧などを参照してください。

参考文献

[1]　一色尚次，北山直方：『伝熱工学　新装第 2 版』，pp.36-37，森北出版 (2018).

[2]　渋川祥子，杉山久仁子：『新訂 調理科学』，pp.21-49，同文書院 (2005).

[3]　豊田淨彦：『農産食品プロセス工学』（豊田淨彦，内野敏剛，北村豊編），pp.115-130，文永堂出版 (2015).

[4]　一色尚次，北山直方：『伝熱工学　新装第 2 版』，pp.84-87，森北出版 (2018).

第4章

熱通過

　本章では熱通過に関して，1 次元定常状態を中心に解説します。熱通過には第 5 章で解説する放射伝熱も関与する場合がありますが，ここでは熱伝導と熱伝達のみを組み合わせた熱通過を説明します。

【要点】
- 熱通過は複数の伝熱形態が複合された熱移動現象です。
- 固体を介して高温流体と低温流体が存在しているときの熱通過を考えたとき，熱通過による伝熱量は，両流体の温度差（主流温度差）と伝熱面積に比例します。
- 物体の形状や積層数などにより適用するフーリエの法則が異なりますので，それに応じて 1 次元定常状態における熱通過の数式表現は異なります。
- 熱通過に関与する「物理量」として熱通過率（総括伝熱係数）があります。
- 熱通過率が大きくなるほど熱通過による伝熱量は多くなります。

4.1　平板および多層平板（1 次元定常伝熱）

　図 4.1 のように平板（壁）を介して高温流体（左側）と低温流体（右側）が接している場合の 1 次元定常状態における熱移動現象を考えます。高温流体の温度（主流温度）を T_{ext1}(K または℃)，平板の左端表面温度を T_{w1} (K または℃)，右端表面温度を T_{w2} (K または℃)，低温流体の温度（主流温度）を T_{ext2} (K または℃) とします。$T_{ext1} > T_{w1} > T_{w2} > T_{ext2}$ の関係があるため，熱は x 軸方向にのみ，高温流体から平板を通って低温流体の方へ移動します。このとき，①高温流体と平板左端表面間では熱伝達，②平板内では熱伝導，③平板右端表面と低温流体間では熱伝達という 3 つの熱移動現象が生じています。このような熱移動現象を総括して熱通過といいます。

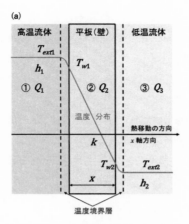

図 4.1 平板での熱通過

　図 4.1 に示した①，②，および③の各熱移動現象は，ニュートンの冷却の法則およびフーリエの法則から，それぞれ以下のように表されます。

①熱伝達：

$$Q_1 = h_1 A \left(T_{ext1} - T_{w1} \right) \tag{4.1}$$

②熱伝導：

$$Q_2 = kA \frac{\left(T_{w1} - T_{w2} \right)}{x} \tag{4.2}$$

③熱伝達：

$$Q_3 = h_2 A \left(T_{w2} - T_{ext2} \right) \tag{4.3}$$

ここで，A：伝熱面積 (m^2)，k：平板の熱伝導率 (W/(m・K) または W/(m・℃))，h_1：①の領域における熱伝達係数 (W/(m^2・K) または W/(m^2・℃))，h_2：③の領域における熱伝達係数 (W/(m^2・K) または W/(m^2・℃))，x：平板の厚さ (m)，Q_1：①の領域における伝熱量 (W)，Q_2：②の領域における伝熱量 (W)，Q_3：③の領域における伝熱量 (W)，T_{ext1}：高温流体の温度（主流温度）(K または℃)，T_{ext2}：低温流体の温度（主流温度）(K または℃)，T_{w1}：平板の左端表面温度 (K または℃)，

T_{w2}：平板の右端表面温度 (K または℃) です。熱伝導率や熱伝達率は温度や座標（場所）にかかわらず一定値と考えます。

　いま定常状態ですので，$Q_1 = Q_2 = Q_3$ の関係が成り立ちます（この関係が成り立たなければ，伝熱量の差にあたる熱量は常に蓄積されることになり，その結果，時間の経過とともに，そこに温度の変化を生じて定常状態を維持できなくなります）。①，②，③の各領域における伝熱量 Q_1，Q_2，および Q_3 を $Q_1 = Q_2 = Q_3 = Q$ と置き換え，①，②，③の 3 つの熱移動現象を統合して考えた熱通過による伝熱量は以下のように表されます。

$$Q = UA\,(T_{ext1} - T_{ext2}) \tag{4.4}$$

$$U = \frac{1}{\frac{1}{h_1} + \frac{x}{k} + \frac{1}{h_2}}, \tag{4.5}$$

$$\text{あるいは} \frac{1}{U} = \frac{1}{h_1} + \frac{x}{k} + \frac{1}{h_2} \tag{4.6}$$

ここで，U を熱通過率（総括伝熱係数や熱貫流率ともいう）(W/(m^2・K) または W/(m^2・℃))，$1/U$ を全熱抵抗といいます。このように伝熱面積や熱通過率を用いて，熱通過による伝熱量は高温流体と低温流体の温度差（主流温度の差）より求められることがわかります。図 4.1 には流体および平板内での温度分布を実線で示しました。平板両側の熱伝達においては温度境界層が存在します。また，平板の熱伝導率は温度によって変化せず，一定値としていますので，この場合も平板内での温度は直線的に変化します。

　図 4.2 に示すような n 層（n 枚）の平板が重なった場合の多層（n 層）平板における 1 次元定常状態での熱通過を考えます。この図の場合，第 1 層（最左端）平板の左側に存在する高温流体の温度（主流温度）T_{ext1} (K または℃) が最も高く，第 n 層（最右端）平板の右側に存在する低温流体の温度（主流温度）T_{ext2} (K または℃) が最も低いため，高温流体から多層平板を通って低温流体へ，x 軸方向にのみ，左から右方向へ熱移動現象が起きます。このとき，熱通過による伝熱量は以下の式 (4.7) のように表されます。

$$Q = q \times A = A \frac{(T_{ext1} - T_{ext2})}{\frac{1}{h_1} + \frac{x_1}{k_1} + \frac{x_2}{k_2} + \frac{x_3}{k_3} + \ldots + \frac{x_n}{k_n} + \frac{1}{h_2}}$$

$$= A \frac{(T_{ext1} - T_{ext2})}{\frac{1}{h_1} + \sum_{i=1}^{n} \left(\frac{x_i}{k_i}\right) + \frac{1}{h_2}} \tag{4.7}$$

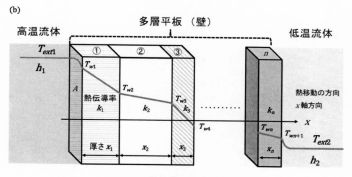

図 4.2　多層平板での熱通過

ここで，Q：伝熱量 (W)，q：熱流束 (W/m²)，A：伝熱面積 (m²)，T_{ext1}：高温流体の温度（主流温度）(K または℃)，T_{ext2}：低温流体の温度（主流温度）(K または℃)，T_{wi}：各層の平板表面の温度 (K または℃)，x_i：第 i 層の厚さ (m)，k_i：第 i 層の熱伝導率 (W/(m・K) または W/(m・℃))，h_1：高温流体と第 1 層平板左端との間の熱伝達における熱伝達係数 (W/(m²・K) または W/(m²・℃))，h_2：第 n 層平板右端と低温流体との間の熱伝達における熱伝達係数 (W/(m²・K) または W/(m²・℃)) で，$T_{ext1} > T_{w1} > T_{w2} > T_{w3} > T_{w4} \ldots > T_{wn} > T_{wn+1} > T_{ext2}$ の関係が成り立ちます。図 4.2 には流体および多層平板内での温度分布を実線で示しました。この場合も各層の熱伝導率は温度によって変化せず一定値で，各層（各平板）ごとに勾配は異なりますが，各層内において温度は直線的に変化します。

【図 4.1　平板での熱通過（1 次元定常状態）】

$Q_1 = Q_2 = Q_3$ の関係が成り立ちますので，これらの伝熱量を改めて Q と置き，①，②，③の各熱移動現象を数式で表すと以下のようになります（以下の解説では，これまでに記載した式と同一の式も出てきます。同一の式でも改めて式番号を振り直しています）。

$$①: Q = h_1 A \left(T_{ext1} - T_{w1} \right) \tag{4.8}$$

$$②: Q = kA \frac{(T_{w1} - T_{w2})}{x} \tag{4.9}$$

$$③: Q = h_2 A \left(T_{w2} - T_{ext2} \right) \tag{4.10}$$

そして，①〜③式（式 (4.8)〜(4.10)）を，それぞれ，左辺が温度差になるように以下のように変形します。

$$①': T_{ext1} - T_{w1} = \frac{Q}{A} \times \frac{1}{h_1} \tag{4.11}$$

$$②': T_{w1} - T_{w2} = \frac{Q}{A} \times \frac{x}{k} \tag{4.12}$$

$$③': T_{w2} - T_{ext2} = \frac{Q}{A} \times \frac{1}{h_2} \tag{4.13}$$

次に，個々の領域（①，②，③）の熱移動現象を統合して考えます。各領域の温度差を合計したものが全体の温度差となりますので，①'〜③'式（式 (4.11)〜(4.13)）の辺々を加えて整理すると以下の式が導かれます（①'〜③' 式において，左辺は左辺，右辺は右辺で上から下まで加え合わせる）。

$$T_{ext1} - T_{ext} = \frac{Q}{A} \times \left(\frac{1}{h_1} + \frac{x}{k} + \frac{1}{h_2} \right) \tag{4.14}$$

$$Q = \frac{1}{\frac{1}{h_1} + \frac{x}{k} + \frac{1}{h_2}} A \left(T_{ext1} - T_{ext2} \right) = UA \left(T_{ext1} - T_{ext2} \right) \tag{4.15}$$

$$U = \frac{1}{\frac{1}{h_1} + \frac{x}{k} + \frac{1}{h_2}} \tag{4.16}$$

また，加比の理を使うと式 (4.15) は次のようにも導くことができます。
加比の理：

$$\frac{a}{b} = \frac{c}{d} = \frac{e}{f} = \frac{(a + c + e)}{(b + d + f)} \tag{4.17}$$

①〜③式 (式 (4.8)〜(4.10)) を書き改めると,

$$①'': Q = A\frac{(T_{ext1} - T_{w1})}{\frac{1}{h_1}} \tag{4.18}$$

$$②'': Q = A\frac{(T_{w1} - T_{w2})}{\frac{x}{k}} \tag{4.19}$$

$$③'': Q = A\frac{(T_{w2} - T_{ext2})}{\frac{1}{h_2}} \tag{4.20}$$

①''〜③'' 式 (式 (4.18)〜(4.20)) から

$$Q = A\frac{(T_{ext1} - T_{w1})}{\frac{1}{h_1}} = A\frac{(T_{w1} - T_{w2})}{\frac{x}{k}} = A\frac{(T_{w2} - T_{ext2})}{\frac{1}{h_2}} \tag{4.21}$$

加比の理より

$$Q = A\frac{(T_{ext1} - T_{w1}) + (T_{w1} - T_{w2}) + (T_{w2} - T_{ext2})}{\frac{1}{h_1} + \frac{x}{k} + \frac{1}{h_2}}$$

$$= A\frac{(T_{ext1} - T_{ext2})}{\frac{1}{h_1} + \frac{x}{k} + \frac{1}{h_2}} = UA\,(T_{ext1} - T_{ext2}) \tag{4.22}$$

図 4.2 に示した多層平板における熱通過による伝熱量 (式 (4.7)) も, 上記と同様に導くことができます。上記を参考に, 各自で導いてみてください。

4.2　円管および多層円管 (1 次元定常伝熱)

図 4.3 のように円管 (長さ l (m)) の内側に高温流体, 外側に低温流体が接している 1 次元定常状態における熱通過を考えます。高温流体の温度 (主流温度) を T_{ext1} (K または℃), 円管内径における表面温度を T_{w1} (K または℃), 円管外径における表面温度を T_{w2} (K または℃), 低温流体の温度 (主流温度) を T_{ext2} (K または℃) とします。$T_{ext1} > T_{w1} > T_{w2} > T_{ext2}$ の関係があるため, 熱は, 円管の半径 r 軸方向にのみ, 高温流体から円管

を通って低温流体の方へ移動します。このとき，①高温流体と円管内側表面では熱伝達，②円管内では熱伝導，③円管外側表面と低温流体間では熱伝達という 3 つの熱移動現象が生じています。

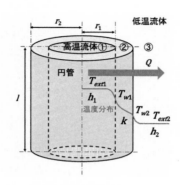

図 4.3　円管での熱通過

　図 4.3 に示した①，②，および③の各熱移動現象は，ニュートンの冷却の法則およびフーリエの法則から，それぞれ以下のように表されます。
①熱伝達：

$$Q_1 = h_1 A \left(T_{ext1} - T_{w1}\right) = h_1 \left(2\pi r_1 l\right) \left(T_{ext1} - T_{w1}\right) \tag{4.23}$$

②熱伝導：

$$Q_2 = \frac{2\pi k l \left(T_{w1} - T_{w2}\right)}{\ln \left(\frac{r_2}{r_1}\right)} = \frac{2\pi k l \left(T_{w1} - T_{w2}\right)}{\ln \left(\frac{d_2}{d_1}\right)} \tag{4.24}$$

③熱伝達：

$$Q_3 = h_2 A \left(T_{w2} - T_{ext2}\right) = h_2 \left(2\pi r_2 l\right) \left(T_{w2} - T_{ext2}\right) \tag{4.25}$$

ここで，A：伝熱面積 (m^2)，k：円管の熱伝導率 (W/(m・K) または W/(m・℃))，h_1：①の領域における熱伝達係数 (W/(m^2・K) または W/(m^2・℃))，h_2：③の領域における熱伝達係数 (W/(m^2・K) または W/(m^2・℃))，r_1：円管の内半径 (m)，r_2：円管の外半径 (m)，d_1：円管

の内径 (m)，d_2：円管の外径 (m)，Q_1：①の領域における伝熱量 (W)，Q_2：②の領域における伝熱量 (W)，Q_3：③の領域における伝熱量 (W)，T_{ext1}：高温流体の温度（主流温度）(K または℃)，T_{ext2}：低温流体の温度（主流温度）(K または℃)，T_{w1}：円管内半径 r_1 または内径 d_1 における表面温度 (K または℃)，T_{w2}：円管外半径 r_2 または外径 d_2 における表面温度 (K または℃) です。熱伝導率や熱伝達率は温度や座標（場所）にかかわらず一定値と考えます。

いま定常状態ですので，$Q_1 = Q_2 = Q_3$ の関係が成り立ちます。①，②，③の各領域における伝熱量 Q_1，Q_2，および Q_3 を $Q_1 = Q_2 = Q_3 = Q$ と置き換え，①，②，③の 3 つの熱移動現象を統合して考えた熱通過による伝熱量は以下の式 (4.26) のように表されます。

$$Q = \frac{2\pi l\,(T_{ext1} - T_{ext2})}{\frac{1}{h_1 r_1} + \frac{1}{k}\ln\left(\frac{r_2}{r_1}\right) + \frac{1}{h_2 r_2}} = \frac{\pi l\,(T_{ext1} - T_{ext2})}{\frac{1}{h_1 2r_1} + \frac{1}{2k}\ln\left(\frac{r_2}{r_1}\right) + \frac{1}{h_2 2r_2}}$$

$$= \frac{\pi l\,(T_{ext1} - T_{ext2})}{\frac{1}{h_1 d_1} + \frac{1}{2k}\ln\left(\frac{d_2}{d_1}\right) + \frac{1}{h_2 d_2}} \tag{4.26}$$

式 (4.26) において，半径 r を用いる場合と直径 d を用いる場合で，表現が少し異なることに注意してください。

図 4.3 には流体および円管内での温度分布を実線で示しました。円管両側の熱伝達においては温度境界層が存在します。また，円管の熱伝導率は温度によって変化せず，一定値としていますので，この場合も対数曲線を描きながら円管内の温度は変化します。

多層平板における熱通過と同様に，図 4.4 に示すような n 層の円管が重なった場合の多層（n 層）円管における 1 次元定常状態での熱通過を考えます。この図の場合，第 1 層（最も内側）円管の内側に存在する高温流体の温度（主流温度）T_{ext1} (K または℃) が最も高く，第 n 層（最も外側）円管の外側に存在する低温流体の温度（主流温度）T_{ext2} (K または℃) が最も低いため，高温流体から多層円管を通って低温流体へ，半径 r 軸方向にのみ，内側から外側へ熱移動現象が起きます。このとき，熱通過による伝熱量は以下のように表されます。

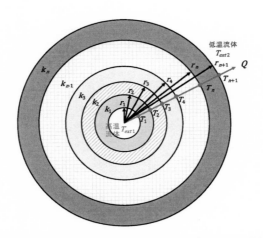

図 4.4　多層円管での熱通過（多層円管の断面を真正面から見た模式図）

$$
\begin{aligned}
Q &= \frac{2\pi l\,(T_{ext1} - T_{ext2})}{\frac{1}{h_1 r_1} + \frac{1}{k_1}\ln\left(\frac{r_2}{r_1}\right) + \frac{1}{k_2}\ln\left(\frac{r_3}{r_2}\right) + \frac{1}{k_3}\ln\left(\frac{r_4}{r_3}\right)\ldots + \frac{1}{k_n}\ln\left(\frac{r_{n+1}}{r_n}\right) + \frac{1}{h_2 r_{n+1}}} \\[2mm]
&= \frac{2\pi l\,(T_{ext1} - T_{ext2})}{\frac{1}{h_1 r_1} + \sum_{i=1}^{n}\frac{1}{k_i}\ln\left(\frac{r_{i+1}}{r_i}\right) + \frac{1}{h_2 r_{n+1}}} \\[2mm]
&= \frac{\pi l\,(T_{ext1} - T_{ext2})}{\frac{1}{h_1 d_1} + \sum_{i=1}^{n}\frac{1}{2k_i}\ln\left(\frac{d_{i+1}}{d_i}\right) + \frac{1}{h_2 d_{n+1}}}
\end{aligned}
\tag{4.27}
$$

ここで，Q：伝熱量 (W)，T_{ext1}：高温流体の温度（主流温度）(K または℃)，T_{ext2}：低温流体の温度（主流温度）(K または℃)，T_i：各層の円管表面の温度 (K または℃)，r_i：第 i 層の円管の内半径 (m)，r_{i+1}：第 i 層の円管の外半径 (m)，d_i：第 i 層の円管の内径 (m)，d_{i+1}：第 i 層の円管の外径 (m)，k_i：第 i 層の熱伝導率 (W/(m・K) または W/(m・℃))，h_1：高温流体と第 1 層円管内側との間の熱伝達における熱伝達係数 (W/(m^2・K) または W/(m^2・℃))，h_2：第 n 層円管外側と低温流体との間の熱伝達における熱伝達係数 (W/(m^2・K) または W/(m^2・℃)) で，$T_{ext1} > T_1 > T_2 > T_3 > T_4 \ldots > T_n > T_{n+1} > T_{ext2}$ の関係が成り立ちます。

　円管および多層円管での熱通過による伝熱量に関する式（式 (4.26) と式 (4.27)）も，平板の場合（式 (4.22)）と同様に導くことができます。各自で導いてみてください。

4.3　熱通過率の実例

　参考までに，流体の組み合わせから分類した熱通過率の実例を表 4.1 に示しました。

表 4.1　熱通過率の概略値（[1] より改変）

流体の種類	熱通過率 $(W/(m^2 \cdot K))$	備考
液体と液体	140〜350	水　自然対流
	290〜930	水　乱流
	930〜1700	水　強制対流
液体と沸騰中の液体	120〜350	水　自然対流
	290〜870	水　強制対流
液体と凝縮中の蒸気	810〜4100	水と水蒸気　強制対流
	580〜2300	溶液と水蒸気　強制対流
	240〜1200	水と水蒸気　自然対流
沸騰中の液体と凝縮中の蒸気	1200〜4100	水と水蒸気

参考文献

[1]　一色尚次，北山直方：『伝熱工学　新装第 2 版』，pp.36-37，森北出版 (2018).

第**5**章
放射伝熱

　本章では熱放射や伝熱 3 基本形態の 1 つである放射伝熱の基礎的事項を解説します。

【要点】

- 絶対温度が 0 K でないすべての物体は，物体内部の分子運動によりその温度に応じた熱エネルギーを電磁波の形で放射しており（放射エネルギーという電磁波を放射している），これを熱放射といいます。
- 熱放射による伝熱が放射伝熱です。
- 放射伝熱は，温度の異なる物体間（固体 – 固体間，気体 – 気体間，固体 – 気体間など）における電磁波の形での熱移動現象と捉えることができます。
- 放射伝熱に関する基本法則はステファン・ボルツマンの法則です。
- 2 物体間の放射伝熱量は，高温物体の絶対温度の 4 乗と低温物体の絶対温度の 4 乗の差および伝熱面積に比例します。
- 放射伝熱に関与する「物理量」として放射率があります。
- 放射率あるいは形態係数が大きいほど放射伝熱量は多くなります。

5.1　熱放射の概念

　絶対温度が 0 K でないすべての物体は，物体内部の分子運動によりその温度に応じた熱エネルギーを電磁波の形で放射しています（後述するように放射エネルギーという電磁波を放射しています）。これを熱放射あるいは放射，輻射といい，熱放射による伝熱を放射伝熱といいます。物体の絶対温度の 4 乗に比例して放射エネルギーは増加しますので，高温領域においては特に熱放射，放射伝熱の影響は大きくなります。

　より詳しく見ると，熱放射の過程では，放熱面において，熱エネルギーが放射エネルギー（光や電波と同一の波動のエネルギーで，電磁波である）に変化して空間を進み，受熱面に達して入射された放射エネルギーが再び熱エネルギーに戻ります。熱伝導や熱伝達が起こるためには途中に物質の存在を必要としますが，この熱放射では途中に物質の存在を必要とせ

ず，放射エネルギーは真空中でも伝わることができます。熱放射の身近な例として太陽からの放射エネルギーが地球に到達している現象や赤外線，遠赤外線の利用などが挙げられます。

　熱放射は電磁波（電波）の一種と捉えることができ，熱放射において重要な波長領域は可視領域から赤外および遠赤外領域です。単一の波長，すなわち「単波長」のことを「単色」と表現することもあります。それは，可視光線をプリズムで屈折させると虹のようにさまざまな色に分かれるように（波長により見える色が異なる），電磁波の波長と色とが対応しているためです。

　工業上の応用では放射伝熱（熱放射）が単独で起こることはほとんどなく，熱伝導や熱伝達と同時に起こる場合が多いです。放射伝熱の特徴は，それが熱伝導や熱伝達と同時に起こっても，それらにより影響を少しも受けないことです。そのため放射伝熱による伝熱量を熱伝導や熱伝達による伝熱量とは別個に計算して，その後で，すべての熱移動形態の熱量を加えることでトータルの伝熱量が求められます。

　受熱面（低温物体）に到達した放射エネルギーは，図 5.1 に示したように，その一部は吸収され，一部は反射もしくはいったん表面に吸収されたのちに再び物体外へ放射されます。また，そのごく一部は物体を透過します。前述のように，このうち，物体に吸収された放射エネルギー，すなわち入射エネルギーは熱エネルギーに変わる性質をもっています。

　入射エネルギー（到達した放射エネルギー）をすべて吸収するものを黒体，すべて反射するものを白体，すべて透過するものを透明体といいま

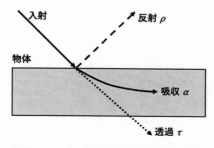

図 5.1　放射エネルギーの入射（吸収，反射，および透過）

す。黒体は熱放射における理想物体です。入射エネルギーの吸収率を α (-)，反射率を ρ (-)，透過率を τ (-) とすると次の関係が成り立ちます。

$$\alpha + \rho + \tau = 1 \tag{5.1}$$

α，ρ，および τ は，無次元で，0~1 まで変化します。黒体では $\alpha = 1$，$\rho = \tau = 0$，白体では $\rho = 1$，$\alpha = \tau = 0$，また透明体では $\tau = 1$，$\alpha = \rho = 0$ となります。

5.2　熱放射の物理的性質

　ここでは熱放射に関連する 3 つの法則：プランクの法則，ウィーンの変位則，そしてステファン・ボルツマンの法則を解説します。

(1) プランクの法則

　物体の表面の単位面積 (1 m^2) から単位時間 (1 s) に放射される放射エネルギー量を放射能 (W/m^2) といいます。黒体から，ある波長 λ で放射される単色放射能は次のプランクの法則（式 (5.2)）で表されます。

$$E_{b\lambda} = \frac{c_1}{\lambda^5 \left[e^{c_2/\lambda T} - 1 \right]} = \frac{c_1}{\lambda^5 \left[\exp\left(c_2/\lambda T \right) - 1 \right]} \tag{5.2}$$

ここで，$E_{b\lambda}$：黒体の単色放射能 (W/(m^2・μm))，λ：波長 (μm)，T：物体表面の絶対温度 (K)，$c_1 = 3.7424 \times 10^8$(W・μm^4/m^2)，$c_2 = 1.4388 \times 10^4$(μm・K) です。また，"e" は自然対数の底（ネイピア数）で，工学分野では e の $c_2/\lambda T$ 乗："$e^{c_2/\lambda T}$" を "$\exp\left(c_2/\lambda T \right)$" と表記する場合があります。プランクの式による波長と黒体の単色放射能の関係を図 5.2 に示しました。これから黒体の熱放射に関して次のことがいえます。

1) 放射エネルギーは波長とともに連続的に変化する
2) いかなる波長においても，放射エネルギーは温度とともに増加する
3) 温度が高くなるにつれて，短波長の成分が相対的に強くなる

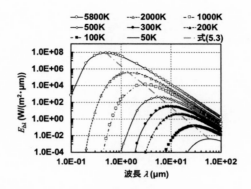

図 5.2   黒体の単色放射能（プランクの式）

(2) ウィーンの変位則

　図 5.2 からわかるように，各温度における黒体の単色放射能は，ある波長で最大値をとります。この最大値を与える波長 λ の値は温度の上昇とともに短くなります。これは，物体が低温から高温になるにつれて，赤色から黄色，ついで白色に見えることに対応します。この法則をウィーンの変位則といい，次の式 (5.3) で表されます。

$$\lambda_{max} \times T = 2897.6\,(\mu m \cdot \text{K}) \tag{5.3}$$

ここで，λ_{max}：物体から放射される単色放射能の最大値を与える波長 (μm)，T：絶対温度 (K) です。放射能（放射の強さ）は波長により異なる値をとるので，単色放射能といいます。つまり "単色" とは "ある波長における値" を示します。ウィーンの変位則は波長と温度の関係を表しており，可視光線領域において波長により人間に見える色が変わりますので，発熱している物体（例えば炭）の色から物体の温度を推測できる場合があることを示唆しています。また，図 5.2 には，式 (5.3) による計算結果を長鎖線で示しています。

(3) ステファン・ボルツマンの法則

　黒体表面 $1\,\text{m}^2$ あたりから単位時間 (1 s) に放射される全エネルギー量 $E_b(\text{W}/\text{m}^2)$ は，プランクの法則による単色放射能を全波長領域内で積分

して，次式から求められます。

$$E_b = \int_0^\infty E_{b\lambda} d\lambda = \int_0^\infty \frac{c_1}{\lambda^5 \left[\exp\left(c_2/\lambda T\right) - 1\right]} d\lambda = \sigma T^4$$

$$(5.4)$$

上の式 (5.4) における σ $(\mathrm{W/(m^2 \cdot K^4)})$ はステファン・ボルツマン定数とよばれ，次の値をとります。

$$\sigma = 5.669 \times 10^{-8} = 5.67 \times 10^{-8} \tag{5.5}$$

また，T (K) は絶対温度です。この式 (5.4) をステファン・ボルツマンの法則といいます。ステファン・ボルツマンの法則は，「黒体の単位面積の部分から単位時間に放射される熱量，すなわち放射能（放射エネルギー）は，絶対温度の 4 乗に比例する」ことを表しています。

　黒体は，熱放射における理想物体で，ある一定の温度において，最大値の放射能をもつ物体です。実在物体に関して，黒体からの隔たり・違いを考えることがあり，実在物体の黒体からの隔たりを表す係数を放射率（黒度）といいます。放射率は，無次元で，0〜1 の値をとります。すべての波長において放射率が一定であるような物体を灰色体といいます。

　黒体の放射能は最大値をもちますので，実在物体からの放射エネルギーは同一温度における黒体の放射エネルギーよりも必ず小さくなります。実在物体を灰色体と考え，その物体の放射率を ε (-) とし，この実在物体の表面 1 m^2 あたりから単位時間 (1 s) に放射される全エネルギー量 E $(\mathrm{W/m^2})$ は次の式 (5.6) で表されます。

$$E = \varepsilon E_b = \varepsilon \sigma T^4 = 5.67 \times 10^{-8} \varepsilon T^4 = 5.67 \varepsilon \left(\frac{T}{100}\right)^4 \tag{5.6}$$

ここで，ε：放射率 (-)，T：絶対温度 (K) です。この式から，放射伝熱による伝熱量は絶対温度の 4 乗に比例するため，物体の温度が高温になるほど顕著に増大することがわかります。

　熱放射に関して，キルヒホッフの法則があります。この法則は「ある物体表面の放射率と吸収率とは等しい」ことを述べています。つまり，よく吸収する物体ほど，よく放射するといえます。このことから黒体は放射エ

ネルギーを最大放射，最大吸収する物体ということもできます。

放射率は，食品では 0.8〜0.9，金属（研磨なし）では 0.25〜0.7，金属（研磨あり）では 0.05 以下，石やレンガ，セラミックでは 0.8〜0.95 程度です。物体によって放射率は異なりますので，ピザ釜には放射率の大きいレンガや石などが用いられていることは納得がいきます。いくつかの表面での放射率を表 5.1 に示しました。

表 5.1　放射率の概略値（[1, 2] より改変）

物質	表面	温度(℃)	放射率(-)
鉄	研磨面	427〜1025	0.14〜0.38
	粗磨き面	100	0.17
	酸化鉄	100	0.31
鋼	研磨面	100	0.066
	鋼板平滑面	900〜1040	0.55〜0.60
	600 ℃で酸化した面	198〜600	0.79
銅	普通研磨面	100	0.052
	600 ℃で酸化した面	200〜600	0.57
	厚い酸化層	25	0.78
黄銅	高度研磨面	258〜378	0.033〜0.037
	600 ℃で酸化した面	200〜600	0.59〜0.61
金	研磨面	227〜628	0.018〜0.035
銀	研磨面	38〜628	0.020〜0.032
アルミニウム	高度研磨面	227〜580	0.039〜0.057
	普通研磨面	23	0.040
	粗面	26	0.055
	600 ℃で酸化した面	200〜378	0.11〜0.19
ステンレス鋼	KA-2S(8Ni，18Cr)銀色の粗面，加熱後褐色	216〜490	0.36〜0.44
	NCT-3(20Ni，25Cr)銀色の粗面，526 ℃　24 時間加熱後	216〜527	0.62〜0.73
	平滑黒色，使用で粘着性酸化皮膜生成	271〜564	0.82〜0.89
レンガ	赤レンガ	21	0.93
	耐火レンガ	590〜1000	0.80〜0.90
粘土	陶器	93	0.91
コンクリート	粗	38	0.94
塗料	鉄面上の白エナメル	23	0.906
	鉄面上の黒ラッカー	24	0.875
木	かんなをかけた樫	70	0.91
ガラス	普通ガラス	90	0.88
水		0〜100	0.95〜0.963
氷	平滑面	0	0.97
	粗結晶	0	0.99
	霜	-18	0.99
雪		-12〜-7	0.82

5.3　2物体間の放射による熱移動

　放射伝熱を利用する機器や調理や加工操作においては，温度の異なる2つまたは多数の面の間の伝熱を計算しなければならないことが多くあります。図 5.3(a) に示すように，放射率や温度が異なる面1（放射率 ε_1，絶対温度 T_1）から面2（放射率 ε_2，絶対温度 T_2）への放射伝熱量は，物体や面の幾何学的配置や形状にも依存します。また繰り返しになりますが，物体の温度が0Kでないかぎり，熱放射が存在します。そのため2つの物体表面間に温度差がある場合の放射伝熱量は，それぞれの物体についての入射エネルギーと放射エネルギーの差と等しくなります。このような場合の放射伝熱量は2物体間で正味移動する放射エネルギー量といえます。

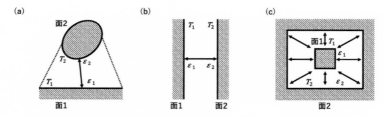

図 5.3　物体間の熱放射　(a) 物体両面の放射伝熱，(b) 無限の広がりをもつ平行平面の場合，(c) 他面によって完全に包囲された面の場合

　詳細は割愛しますが，図 5.3(a) において $T_1 > T_2$ とした場合，2物体（灰色体）表面間の放射伝熱量（面1から面2への放射伝熱量）は次の式 (5.7) から求められます。

$$Q = \sigma A_1 F_{1,2} \left(T_1^4 - T_2^4 \right) = 5.67 \times 10^{-8} A_1 F_{1,2} \left(T_1^4 - T_2^4 \right) \tag{5.7}$$

ここで，Q：面1から面2への正味の放射伝熱量 (W)，σ：ステファン・ボルツマン定数 $(W/(m^2 \cdot K^4))$，A_1：面1の面積 (m^2)，T_1：高温面1の絶対温度 (K)，T_2：低温面2の絶対温度 (K) $(T_1 > T_2)$，$F_{1,2}$：形態係数（総括到達放射率，有効熱放射率）(-) です。形態係数 $F_{1,2}$ は，面1から面2を見たときの形態係数で，2物体面の面積や相互の位置関係に関する幾

何学的な関係から決定されます。式 (5.7) は面 2 (面積 A_2) を基準とすれば次のように書き直すことができます。

$$Q = \sigma A_2 F_{2,1} \left(T_1^4 - T_2^4 \right) = 5.67 \times 10^{-8} A_2 F_{2,1} \left(T_1^4 - T_2^4 \right) \tag{5.8}$$

ここで $F_{2,1}$ は，面 2 から面 1 を見たときの形態係数です。これら 2 つの式における Q は同一のものですので，次の相互関係の式が導かれます。

$$A_1 F_{1,2} = A_2 F_{2,1} \tag{5.9}$$

形態係数の値を理論的に求めるのは複雑で，専門書や便覧などに，いろいろな形状に関する形態係数が図で示されています。形態係数の詳細は専門書や便覧を参照してください。

図 5.3(b) と (c) に示したように，無限の広がりをもつ平行平面の場合や他面によって完全に包囲された面の場合の放射伝熱量は，それぞれ以下のように求められます。

(b) 無限の広がりをもつ平行平面 (無限平行面)：

$$Q = \sigma f_\varepsilon \left(T_H^4 - T_L^4 \right) = 5.67 \times 10^{-8} f_\varepsilon \left(T_H^4 - T_L^4 \right) \tag{5.10}$$

$$f_\varepsilon = \frac{1}{1/\varepsilon_1 + 1/\varepsilon_2 - 1} \tag{5.11}$$

ここで，T_H：高温面の絶対温度 (K)，T_L：低温面の絶対温度 (K) ($T_H > T_L$ で，図 5.3(b) において面 1 および面 2 の絶対温度 T_1，T_2 のうち，高温面の方が T_H，低温面の方が T_L となります)，ε_1：面 1 の放射率 (-)，ε_2：面 2 の放射率 (-)，f_ε：放射係数 (交換係数) (-) です。この場合，面 1 と面 2 のどちらが高温であっても放射係数の値は同値になりますので，ε_1 と ε_2 には，それぞれ高温面と低温面の放射率を代入します。

(c) 他面によって完全に包囲された面 (物体 1 が物体 2 に完全に囲まれた場合)

$$Q = \sigma f_\varepsilon \left(T_H^4 - T_L^4 \right) = 5.67 \times 10^{-8} f_\varepsilon \left(T_H^4 - T_L^4 \right) \tag{5.12}$$

$$f_\varepsilon = \frac{1}{1/\varepsilon_1 + (A_1/A_2)(1/\varepsilon_2 - 1)} \tag{5.13}$$

ここで T_H：高温面の絶対温度 (K)，T_L：低温面の絶対温度 (K) ($T_H > T_L$ で，図 5.3(c) において面 1 および面 2 の絶対温度 T_1，T_2 のうち，高温面の方が T_H，低温面の方が T_L となります)，A_1：面 1 の面積 (m^2)，ε_1：面 1 の放射率 (-)，ε_2：面 2 の放射率 (-)，f_ε：放射係数（交換係数）(-) です。$A_1 \ll A_2$ の場合には (c) は $f_\varepsilon = \varepsilon_1$ で近似できます。

参考文献

[1]　一色尚次，北山直方：『伝熱工学　新装第 2 版』，pp.105-111，森北出版 (2018).

[2]　平田哲夫，田中誠，羽田喜昭：『例題でわかる伝熱工学　第 2 版』，pp.93-98，森北出版 (2014).

第**6**章

数値解析事例
− 数値解析基礎と
シングルフィジックス
解析 −

　本章では第 1 章から第 5 章で学んだ伝熱に関する基本的な事項の理解を深めるために，加熱調理や加熱殺菌に関する数値解析事例を紹介し，これらの解析内容を考察します。また，数値解析の基礎知識もまとめています。

　なお，ここで使用する数値解析アプリ（CAE アプリ）は "はじめに" で示した Web サイトで公開していますので，各自，アプリをダウンロードしてアプリを使いながら（手を動かしながら）読み進めてもらえればと思います。

【要点】

- 伝熱という単一物理現象：シングルフィジックスに関する解析事例を取り上げ，主に温度変化を考察します。
- 食品の温度分布がわかれば加熱殺菌の解析ができます。
- 食品の温度分布を知るために内部の熱伝導解析に加えて食品表面での熱伝達および放射伝熱を組み合わせて解析する方法があります。
- 数値解析を使うことで目に見えない食品の状態を可視化できます。
- 数値解析アプリ（CAE アプリ）を使うことで「誰でも，いつでも，どこでも」解析環境を構築でき，専門家でなくても物理現象をよく知り，アイデアを出すことができます（本章で使用するアプリは表 6.1 を参照）。
- 伝熱における数値解析の基礎知識を習得すれば，伝熱を糸口として幅広い分野で数値解析を使いこなすことができるようになります。

6.1　数値解析の基礎

　ここでは数値解析に初めて触れる読者のために数値解析に関する基礎事項を説明します。数値解析に関する共通事項と，食品に数値解析を適用する際の特有の考え方を説明します。

表 6.1　第 6 章で使用する数値解析アプリ

節, 項	フォルダー名	ファイル名	備考
6.2	6.2 ゆで加熱調理.zip	Cooking_in_the_fluid_V60.exe	1)
		Boiling.pdf	2)
6.3	6.3 間接焼き（熱板焼き）加熱調理.zip	Cooking_on_the_pan_V60.exe	1)
		Pan_frying.pdf	2)
6.4	6.4 オーブン焼き加熱調理.zip	Oven_heating_V60.exe	1)
		Oven_heating.pdf	2)
6.5.2	6.5.2 加熱殺菌アプリ.zip	Heat_pasteurization_1_V60.exe	1)
		Heat_pasteurization_Part_I.pdf	2)
6.5.3	6.5.3 加熱殺菌アプリ.zip	Heat_pasteurization_2_V60.exe	1)
		Heat_pasteurization_Part_II.pdf	2)
		h_demo.csv	3)
		T_demo.csv	4)

1)　数値解析アプリ実行ファイル
2)　アプリの概要説明および使用手順が記載されたファイル
3)　食品周囲の熱伝達係数と時間の関係が入力された csv ファイル
4)　食品周囲の流体温度（主流温度）と時間の関係が入力された csv ファイル
※　上記のファイルは，"はじめに"に記載されたアプリ公開 Web サイトから無料でダウンロード・使用することができます。

6.1.1　数値解析に進む前の予備知識

(1) 知っておくべきこと

数値解析を実施するには，

A. 数値解析を行う手順の概要

B. 食品の数値解析の特徴

C. ソフトウェア（数値解析を実施するプログラム）の特性

D. ソフトウェアが稼働する計算機と OS(オペレーティングシステム)

E. ソフトウェアを利用するためのライセンス契約に関する基礎知識

を知っておくとよいでしょう。

本節では項目 A と項目 B に関係する事項を説明します。項目 C,D,E は，数値解析は初めてであるけれども市販のソフトウェアを購入して研究や開発の変革を行いたいと考えている読者を対象に，付録で詳しく説明していますのでそちらを参照ください。

(2) 手順の概要

数値解析を行う手順をフロー（flow，操作の流れ）といいます。数値解

析のフローは，大きく分けると，

・解析条件の設定（プリプロセッシング，略してプリ）

・計算実行（ソルバー）

・結果処理（ポストプロセッシング，略してポスト）

となります。細かく分けると，

①パラメーター設定

②形状定義

③物性定義

④物理設定（(a) 基礎式の設定，(b) 初期条件・境界条件の設定）

⑤メッシュ生成

⑥計算（ソルバーあるいはスタディとも呼ばれる）

⑦結果処理

となります。図 6.1 にまとめて示します。

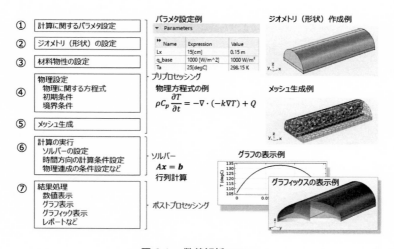

図 6.1　数値解析フロー

プリは①から⑤，ソルバーは⑥，ポストは⑦が該当します。

　物理設定は，物理現象を表す基礎方程式，初期条件，境界条件の各設定を行うことがその具体的な内容になります。本章ではそれらの項目に触れ

る必要が生じた段階で適宜，説明をしていきます。

(3) CAE アプリ

　一方，本書では開発済の物理モデルを使う側に立つことで，読者を基礎事項の確認から応用へ短期間に一気にいざなうことにします。そのためにアプリを活用します。

　読者はアプリを使った操作の中でそれらが基礎事項とどのような関係をもつのかを考察できます。本章の各節でアプリの使い方が記述されていますので，それを核にしながら「フローのどこに対応する操作なのか」を考え，いろいろと試していただきたいと思います。

　数値解析は実行してみて初めて腑に落ちるレベルで理解ができるようになります。ゲームをやっているような感覚で進めていってもよいのですが，皆さんはさらに進んだ内容をご自身で切り拓くことと思います。アプリを操作しながら，ゲームとは異なる世界に足を踏み入れる準備をしっかりと行っていくことが重要です。

6.1.2　食品の数値解析の特徴

　数値解析は解析する対象物の取り扱い方に適したものを使います。数値解析を行う人の目的が対象物のミクロな構造（微細構造，不連続な構造）に関係するものを調べたいのか，それとも微細構造は無視してマクロな構造（巨視的構造，連続な構造）を調べたいのかによって数値解析のレベルを選択します。

　図 6.2 にミクロスケール解析とマクロスケール解析のイメージを示します。ミクロスケール解析では図の上側に示すような微細な構造が周期的に並んでいると考えます。周期的に並んでいる場合には一周期分をモデル化し，そのモデルが無限に繰り返すという条件を課すことで解析を実施することができます。この場合，微細構造は顕微鏡で撮影された像をデジタル化したものを形状として扱うことができます。

　一方で，下側の図はマクロスケール解析を示していますが，マクロスケール解析では顕微鏡スケールの形状を描くことはできません。各点の物理特性，例えばミクロスケールの形状を空隙率で表現し，それがマクロス

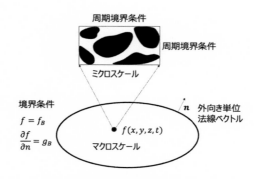

図 6.2　ミクロスケール解析とマクロスケール解析

ケールで見た各点 (x,y,z) に分布しているとして扱います。したがって，マクロスケール解析を使えば微細な幾何構造を描画する必要がないので，寸法の大きな系を扱うことができます。

(1) 食品はマクロスケールの解析が一般的

　食品は野菜であったり肉であったりします。食品のサイズは数センチメートルの大きさであることが多いです。その加熱調理においては，顕微鏡で初めて見えるようなミクロ構造は気にせず，マクロスケールでの温度変化や水分変化といったものを扱います。

　マクロスケールの計算方法では，原子・分子の熱運動の平均値である温度や数密度に関係する濃度に注目し，実験則としてわかっているフーリエの法則やフィックの拡散則を使って，温度や濃度に関する空間分布がどうなるか，その空間分布が時間とともにどのように変化するかを解析します。この場合，連続体の考え方が使えます。連続体の考え方とは，各点の空間座標を指定すればその点の物理状態（温度や物性など）が空間座標の関数値として指定（物性が時間的に変化する場合にはさらに時間の関数値としても指定）できるとする考え方のことです。細かいところは見ずに遠目に見るイメージです。

　具体的に，ミクロスケールの計算（以後，微視的計算）とマクロスケールの計算（以後，巨視的計算）にどのような違いがあるか，相変化を取り

上げてもう少し具体的に説明します。

　微視的計算では分子の運動を追跡します。図6.3にその様子を示します。分子は○で表しています。相変化の微視的計算では，系の温度をどんどん上げていくことで運動を活発化する分子の位置と速度を追跡します。温度を上げていく過程で固相から液相への相変化が生じると分子運動の振幅が増大し，さらに温度を上げると運動エネルギーが大きくなります。ついには分子同士を結びつけている力に打ち勝って分子が界面から飛び出して，自由に動くことのできる気相になります。微視的計算では分子の運動過程を素直に追跡すれば液相から気相への相変化を計算できます。しかし，この方法ではアボガドロ数で示されるような莫大な数の分子を扱うことになってしまい，考える領域がよほど狭くない限りは計算できません。数センチメートルといった食品を扱うのは困難になってしまいます。

　一方，連続体の考えによる計算では，相変化を表現できる数学モデルを考案し，それを計算に組み込み，実験値を導入しながら計算を進めていきます。この計算の過程では，蒸発による液面の変化という巨視的な現象を追跡します。決して，個々の分子が飛び散るといった現象を追跡するわけではありません。図6.3に示すように分子の平均的な位置を界面（図中の水平線）として，その界面位置が時間経過とともに変化する現象（図では界面の低下）として大雑把に捉えます。この方法を使えば数センチメートルといった食品の計算もできてしまいます。

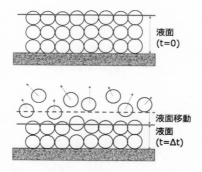

図6.3　蒸発の分子運動と連続体での取り扱いのイメージ

(2) 数値解析は有限の大きさのメッシュ上で実施される

　数学モデルで巨視的な計算方法を構築したとします。その数学モデルでは物理量を意味する関数 f の微分が含まれます。1 次元空間 x で考えると微分は $\frac{f(x+\Delta x)-f(x)}{\Delta x}$ で $\Delta x \to 0$ の極限値のことです。したがって，微分を含むということはそういう微分ができるということを仮定しているので，無限小の大きさのメッシュがとれる ($\Delta x \to 0$) ことという前提があります。しかしながら，実際に数値解析を行う上では，計算機による制約を受けるので図 6.4 に示す有限な大きさ ($\Delta x \neq 0$) のメッシュしか利用できません。

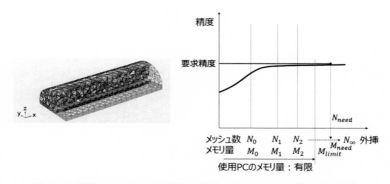

図 6.4　複数のメッシュを利用して精度と必要メモリを推定する方法

　計算機にはメモリが搭載されています。そのメモリ容量を超えると一般に計算は走りません（ハードディスクとやり取りをするメモリースワップ方式で計算を継続するやり方もありますが，計算速度はそのやり取りに時間を要してしまい，その分だけ遅くなり，あまり実用的ではありません）。そこでメッシュを粗くして，計算点数を減らし，なんとかメモリ内での計算を実行しようとします。この場合，数学モデルが前提としている無限小の考え方に沿った計算ができなくなります。したがって解が正しいかどうかを確認する必要があります。

　そこで図 6.4 右側の図に示すように，メモリが許す範囲で，メッシュのサイズをいくつか変更 (N_0, N_1, N_2) した計算を行い，それらの解を比較し

て大きな差異がなければ妥当な解が求まったと考えます。その際に使用したメモリを調べて，単位は GB(ギガバイト) で M_0, M_1, M_2 として記録しておきます。得られた解のもつ精度がメッシュ幅に対してある傾向をもつようであれば，その傾向を使って，例えば回帰分析（多項式によるフィッティング）を行うことで，要求精度に必要なメッシュ数 N_{need} を予測し，それに対応するメモリ量 M_{need} を予測できます。また，数値解析方法の精度を検定するために，メッシュ幅を無限に小さくした場合の解がどの程度の精度をもつかを推定する方法（メッシュ数 N_∞ は外挿値であり，現有の PC のメモリ（上限 M_{limit}）では実現できないが，推測はできる）もよく使われます。

(3) 物性値は実験によって決定される

連続体モデルには食材の密度や定圧比熱，フーリエの法則に含まれる熱伝導率，フィックの拡散則に含まれる拡散係数といった物性値が含まれています。これらの数値は図書館で文献や物性ハンドブックを調べる，あるいはインターネット上の情報を調べるなどして得ることになりますが，必要な情報を見つけることができなければ実験で決める必要があります。

したがって，食品系の数値解析を行う場合には物性値に関する実験手法も知っておく必要があり，実験との連携も必須です。また，得られた物性値はデータベース化しておくのがよいでしょう。食材は生産地や収穫時期によっても物性値が変化する可能性があるので，その点も考慮したデータベースの構築を行う必要があります。

(4) 数値解析を導入した業務の特徴

本書で扱う食品の加熱調理は普段，日常的に接している物理現象であり，実体験を通じてその物理現象に感覚的には十分に慣れ親しんでいます。しかし，加熱に要するエネルギーを最小にし，かつ食品の殺菌を安全レベルで行える加熱時間をどのように決めればよいかと考えたとき，即答できる読者は少ないと思います。

【業務の効率化や省エネの支援】

　数値解析を使えばそのような問いに答えることができます。例えば数値解析を利用すれば食材表面および内部の数千点〜数万点の空間位置での温度の時間変化をほぼすべて知ることができます。さらに，温度がわかれば加熱殺菌に関する計算を追加して殺菌が完全に終了する時間も算出できます。その結果，調理加熱時間がいままで実験的に決めていた調理時間よりも短くてもよいとなった場合には，従来の加熱時間を短縮できます。するとこれは加熱に要する電力や火力といった量を低減できる，つまり，省エネルギーを実現できることになります。

【目に見えないものの見える化】

　食材の状態を知るのは一般に食品表面の状態の変化を観察します。食品の表面の色の変化，硬さの変化，水分や脂分の漏れ出し具合，あるいは蒸気の吹き出しの具合から総合的に判断します。内部の状態は例えば串を刺すことでわかりますが，実際には串を刺した位置での状態のみを知ることができるのであって，その周囲の加熱具合は経験に照らし合わせて推測しながら判断をしているということです。決してすべての位置に串を刺して確かめたわけではありません。その判断結果が実用レベルで問題を起こしていないので良しとしているだけです。

　今度は電子レンジの例で考えてみます。電子レンジでの調理で難しい点は，調理中は扉を開けることができないので，電子レンジを作動させたままで串を刺して食材の状態を確認することはできないという点です。さて，後述するように，電子レンジは食材の水分を含む部分を選択的に加熱します。電子レンジには出力を設定するボタンがあるので，ここでは500Wであることを確認し，加熱時間60秒に設定しているとします。これが習慣になっているわけですが，もしも電子レンジで加熱した食材を再加熱するとしたらどうでしょうか。

　最初の加熱で仮に水分がほぼ飛んでいたとします。また，電子レンジから取り出してのちに何かの原因で菌が付着したとします。再加熱までに放置しておいたとすると菌は増殖します。それは目に見えません。この食材は電磁波エネルギーを吸収する水分量が少なくなっており，水分を含む領

域が点在している状態にある可能性があり，さらに菌が増殖している状態にあります。一方，利用者は一度加熱している食材なので次は短い加熱時間でよいだろうと判断して加熱時間を短くするかもしれません。すると再加熱した食材は十分な殺菌ができておらず，食中毒を起こす危険があります。

加熱調理器具は電子化が進んでいます。それに伴って利用者には調理を実現している物理がどんどん不透明になってきています。数値解析を使えば，その不透明部分で何が起きているかを十分に理解できるようになります。

【実験との協働と人材育成】

一方で，数値解析では計算機の能力や数学モデルのレベルによっては自然現象を完全に再現することは不可能です。自然現象の観察であれば加熱調理の現場が最も優れた研究室です。しかしながらこの優れた研究室も物理を理解するとなると，あるがままの自然を相手にするがゆえにいろいろな要因が混在して因果関係が明確に把握できないといった悩みがあります。

しかし，数値解析は注目する物理現象に絞り込んだ数学モデルを作成することで，仮にほかの要因が除去できたとしたらこうなるだろうという仮想的な解析を設計することができます。

研究開発者としては数値解析と実験をうまく使いこなすことが求められています。

6.2 ゆで加熱調理

低温調理（下処理した食品をプラスチック製袋に入れて，これを 40〜90 °C程度の比較的低温の一定温度（食品によって設定温度は異なります）の湯中で長時間調理（湯せん調理）する方法）のような「ゆで加熱調理」を考えて，このときの熱移動現象を解析します。ちなみに，低温調理器を使って鶏肉を 63 °Cで加熱調理する場合，食品の安全性の観点から，肉の

内部（中心）温度が 63 ℃になった後，さらに 30 分間の加熱状態を維持する必要があります [1]。

　ここでは，直方体状食品を湯中で加熱調理するときの熱移動現象を解析します。このとき，食品周囲の流体（水や空気など）とその流体に接している食品のすべての表面の間で熱伝達，また食品内部では非定常熱伝導という熱移動現象が生じている場合を考えます。なお，問題を簡略化するためにプラスチック製袋は考慮せず，また，熱移動現象に伴う食品内外で起こる併発反応（例えばたんぱく質の変性や脱水，脱油など）は取り扱いません。

6.2.1　ゆで加熱の特徴

　ゆでる操作：ゆで加熱は水の中で食品を加熱する方法です。食塩や食酢を加える場合もありますが，一般には調味することはないので，この点が「煮加熱」と大きく異なります。食品組織を軟らかくすること（軟化）や不味成分を溶出させること（灰汁抜き），吸水させながら乾物を加熱すること，食品中の酵素活性を失活させること（ブランチング），色をよくすること，などが目的です。目的により，食品を水から入れて加熱する場合と沸騰水など湯に入れる場合があります。食品の投入による湯の温度低下を少なくしたいときにはたっぷりの湯を準備します [2, 3]。

　熱は，高温の水あるいは湯から食品の表面に熱伝達で伝えられ，食品の内部では熱伝導によって伝わります。調理器具（鍋など）に食品が直接接触した部分では熱伝導によっても食品に熱が伝えられます。食品表面への熱の伝わり方は速いですが，食品そのものの熱伝導率は比較的小さいために内部での熱移動に時間がかかるのが一つの特徴です。

6.2.2　アプリを用いた解析・考察

(1) 概要

　図 6.5 に設定した問題の概略図を示しました。図に示したように中心点座標 $(x, y, z) = (0, 0, 0)$ とした直方体状食品を設定します。食品の初期温度は一定（初期条件）で，食品全表面と周囲流体との間では熱伝達が生じていて，熱伝達係数と周囲流体温度（主流温度）を設定して熱伝達による

熱流束（単位面積，単位時間あたりの伝熱量）を指定します（境界条件）。

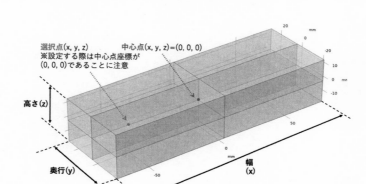

図 6.5　　6.2 節で考察する問題

　こちらで設定した計算条件を表 6.2 に示しました。これらの値をアプリ
に設定して，加熱時における直方体状食品の内部温度変化を計算します。

表 6.2　　6.2 節で設定した計算条件

パラメーター	記号	値	単位
食品の幅（x軸方向）	ww	150	mm
食品の奥行（y軸方向）	ll	50	mm
食品の高さ（z軸方向）	hh	30	mm
食品の熱伝導率	k or k0	0.40	W/(m·K)
食品の密度	ρ or rho0	1080	kg/m³
食品の比熱	c_p or cp0	2500	J/(kg·K)
食品の熱拡散率	a or alpha	1.481×10^{-7}	m²/s
食品の初期温度	T_0 or tini	15	℃
食品周囲の熱伝達係数	h or hhc	2500	W/(m²·K)
食品周囲の流体温度（主流温度）	T_{ext} or tsur	63	℃
加熱時間	tend1	90	min
メッシュ最大要素サイズ	maxs	5	mm
タイムステップ	tprint	60	s
選択ポイント x座標	xx1	50	mm
選択ポイント y座標	yy1	0	mm
選択ポイント z座標	zz1	0	mm

(2) 計算内容

　この場合，解くべき方程式（非定常熱伝導方程式と初期条件，境界条件）は以下のように書くことができます。

【非定常熱伝導方程式】

$$\rho c_p \frac{\partial T}{\partial t} = -\nabla \cdot \boldsymbol{q} = -\nabla \cdot (-k\nabla T) \tag{6.1}$$

あるいは

$$\rho c_p \frac{\partial T}{\partial t} = \frac{\partial}{\partial x}\left(k\frac{\partial T}{\partial x}\right) + \frac{\partial}{\partial y}\left(k\frac{\partial T}{\partial y}\right) + \frac{\partial}{\partial z}\left(k\frac{\partial T}{\partial z}\right) \tag{6.2}$$

（温度 T が時間 t と場 (x, y, z) の方程式として表されている。加熱時間 t の進行に伴う食品内の各座標位置 (x, y, z) における温度分布 (T) の経時変化を計算している）

【初期条件】

$$T(x, y, z, t) = T(x, y, z, 0) = T_0 \tag{6.3}$$

（食品全体にわたり，加熱前の温度は T_0 と設定している）

【境界条件】

$$-\boldsymbol{n} \cdot \boldsymbol{q} = q_0 \tag{6.4}$$

$$q_0 = h(T_{ext} - T) \tag{6.5}$$

(熱伝達係数 h に周囲流体温度（主流温度）と食品表面温度の差 $(T_{ext} - T)$ を乗じて熱伝達による熱流束 q_0 を指定している)

ここで，T：温度 (K または℃)，T_0：初期温度 (K または℃)，T_{ext}：周囲流体の温度（主流温度）(K または℃)，t：時間 (s)，ρ：密度 (kg/m³)，c_p：比熱 (J/(kg・K))，k：熱伝導率 (W/(m・K))，q_0：熱流束 (W/m²)，h：熱伝達係数 (W/(m²・K))，(x, y, z)：座標，$\boldsymbol{q}$：熱流束ベクトル，$\boldsymbol{n}$：法線ベクトル，∇：ナブラ演算子記号，$\cdot$：ベクトルの内積記号，∂：偏微分記号です。

(3) アプリの使用方法

　表 6.1 に示したように，ゆで加熱調理アプリファイルおよびアプリの概要と使用手順を記載したファイルは，"6.2 ゆで加熱調理.zip" フォルダーに格納されています。アプリの使用手順の詳細は表 6.1 に示した PDFファイルをご参照ください。

　基本的なアプリの使用手順は，1) 計算条件の設定，2) 形状作成，3) メッシュ（分割），4) 計算，5) ポスト処理（計算結果の可視化と確認・考察）です。ここで使用するアプリを起動したときのトップ画面を図 6.6 に示しました。アプリを起動すると，アプリ画面上の見出しやボタンの前に "数字" が記載されていることが確認できます。アプリの操作（入力やボタンクリックなど）は，基本的にその数字の順に行います。計算条件は図 6.6 ①で設定します。単位に注意して，(1) 食品のサイズ（食品の幅・奥行・高さ）の設定，(2) 食品の物性値（食品の熱伝導率・密度・比熱）の設定，(3) 加熱条件（食品の初期温度，食品周囲の熱伝達係数・流体温度，加熱時間）の設定，(4) 計算条件（メッシュ最大要素サイズ，タイムステップ）の設定を行います。メッシュ最大要素サイズやタイムステップの概説は表 6.1 に示した PDF ファイルに記載しています。このアプリでは，任意に設定した選択点での温度変化も確認することができますので，その選択点の座標も設定します。なお，前述のように中心点の座標が (0,

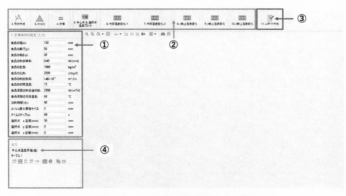

図 6.6　　6.2 節で使用するアプリ

0, 0) であることに注意してください。

　図6.6 ②には，形状作成，メッシュ分割，計算実行，および計算結果の可視化に関するボタンが配置されています。このアプリにおいて表6.2に示した計算条件を「1. 計算条件の設定(入力)」で設定し（図6.6 ①），「2. 形状作成」，「3. メッシュ」，「4. 計算」，「5. 中心点＆選択点温度プロット」，「6. 内部温度変化-1」，「7. 内部温度変化-2」，「8. x軸上温度変化」，「9. y軸上温度変化」，「10. z軸上温度変化」の順にアプリを操作して（図6.6 ②）計算を実行し，解析結果を確認・考察してください。中心点と選択点の温度変化は1Dプロット（加熱時間と温度の関係）で確認でき，また，内部温度変化や x軸上の温度変化 $[(-ww/2, 0, 0) \sim (ww/2, 0, 0)]$，y軸上の温度変化 $[(0, -ll/2, 0) \sim (0, ll/2, 0)]$，および z軸上の温度変化 $[(0, 0, -hh/2) \sim (0, 0, hh/2)]$ は，それぞれアニメーションでも確認できます。また，図6.6 ③にある「11. レポート作成」ボタンをクリックすると計算内容の詳細および結果を Word ファイルとして保存することもできます。その他，図6.6 ④にあるボタンをクリックすると中心点の温度変化（値）を数値として確認でき，また，この値を他のファイル（例えば Excel ファイル）へ取り出すこともできます。

(4) 解析結果

　表6.2に示した条件で，ゆで加熱調理アプリを使って計算した食品の中

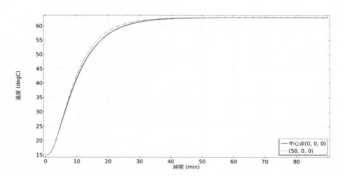

図 6.7　　6.2 節で使用したアプリによる食品の中心点と選択点の温度の計算結果

心点 (0,0,0) および選択点 (50,0,0) における温度変化を図 6.7 に示しました。設定した形状では中心点と選択点の温度変化に著しい差はないことがわかります。いずれの点における温度も加熱開始から 60 分間経過後にほぼ周囲流体の温度（主流温度）63 ℃に到達し，その後，その温度が維持されています。

また，加熱時間 0 s，300 s (5 min)，600 s (10 min)，900 s (15 min)，1200 s (20 min)，1500 s (25 min)，および 3600 s (60 min) における x 軸上の温度変化 $[(-ww/2,0,0)\sim(ww/2,0,0)]$ を図 6.8 に示しました。図 6.8 における弧長 0 mm，150 mm は，それぞれ x 軸上の座標 $(-ww/2,0,0)$ と $(ww/2,0,0)$ に相当します。食品の表面（境界）に近いほど（弧長 0 mm と 150 mm 近傍）温度変化が速く，各加熱時間における内部温度（例えば弧長 20〜120 mm の領域）はほぼ均等の値となり，時間の経過とともに表面温度に追随して内部温度も上昇していることがわかります。中心点（弧長 75 mm の点）に対して左右対称の温度変化を示すとみなしても差し支えなさそうです。図には示しませんでしたが y 軸上の温度変化 $[(0,-ll/2,0)\sim(0,ll/2,0)]$ と z 軸上の温度変化 $[(0,0,-hh/2)\sim(0,0,hh/2)]$ も，アプリでは図 6.8 と同様な図で確認できます。食品内の温度変化には伝熱面積の大きさも関与しており，形状によっては 3 次元形状であっても 2 次元あるいは 1 次元の伝熱現象と簡略化して捉えることも可能です。

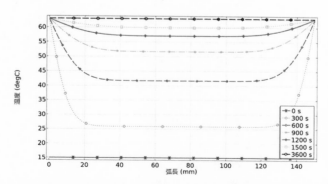

図 6.8　6.2 節で使用したアプリによる食品の x 軸上の温度変化の計算結果

(5) 課題

　表 6.2 に示した条件で計算した場合，食品の中心点の温度が食品周囲の
流体温度（この場合は 63 ℃）に保持された時間をゆで加熱調理アプリを
使って求めてください。その他，食品のサイズや物性値，加熱条件などを
自由に設定して計算を実行してください。食品の種類を変える場合は物性
値を変更してください。

6.3　間接焼き（熱板焼き）加熱調理

　例えばハンバーグパティのような円柱状食品をフライパンの上で加熱調
理する「間接焼き加熱調理（熱板焼き加熱調理）」を考えて，このときの
熱移動現象を解析します。ちなみにハンバーグパティなどの生の挽き肉か
ら作られる食品は，中心部までしっかり火を通す（75 ℃で 1 分間以上の
加熱で多くの病原体は死滅する）ことが食中毒予防の観点から必要です
[1]。円柱状食品を温度一定の金属板の上に置き，まず底面側から加熱し，
一定時間が経過したら食品を反転させて，次に上面側から加熱します。こ
のとき，金属板に接した食品の底面あるいは上面温度は金属板温度と等し
いと仮定します。

　ここで，食品周囲の流体（空気など）とその流体に接している食品表面
（側面および上面または底面）の間で熱伝達，また食品内部では非定常熱
伝導という熱移動現象が生じている場合を考えます。なお，問題を簡略化
するために，金属板と食品との間の放射伝熱は無視し，また，熱移動現象
に伴う食品内外で起こる併発反応（例えばたんぱく質の変性や脱水，脱油
など）は取り扱いません。

6.3.1　間接焼き（熱板焼き）加熱の特徴

　焼く方法としては，熱源にかざして直接焼く直火焼き，フライパンなど
の金属板の上にのせて焼く間接焼き（熱板焼き），オーブンを使用して焼
くオーブン焼きがあります。焼き加熱調理は煮加熱やゆで加熱と異なり水
の中で加熱しないので 100 ℃以上になり，食品表面の水分が蒸発して乾

燥し，また，色付きや香りの生成が見られ，焼き加熱特有の風味が加わります。熱源の温度は高く，食品表面は多くの熱を受け温度は上がりますが，食品の熱伝導率は一般的に小さいので，表面と内部の温度差が大きくなる傾向があります。そのため，表面が焦げて，内部の加熱が足りない状態にならないように熱し方（火加減）を調節しなければなりません [2, 3]。

フライパンなどの金属板の上で食品を焼く場合（熱板焼き），金属板への食品の付着を防ぐために一般的には油を金属板に塗ります。熱源からの熱で金属板の温度は高くなるので（食品を上にのせている場合には130〜250℃），金属板と接触する部分は温度が高くなります。金属板に接触している面と食品上面との温度差は大きくなるので，食品の上下を返して加熱面を変えたり，場合によっては蓋をして中に蒸気を充満させ蒸し焼きにしたりすることもあります。

間接焼き（熱板焼き）加熱調理では，熱は，主として金属板から伝わってくる熱伝導によって食品に伝えられます。金属板接触面以外の食品表面では，高温の空気と食品表面の間で熱伝達が生じます。また，金属板からの熱放射によっても熱が伝えられ，熱放射による伝熱量は金属板の温度が高くなるほど多くなります。食品の内部では熱伝導が生じ，食品の温度が上昇します。

6.3.2 アプリを用いた解析・考察

(1) 概要

図6.9に解析に用いる食品形状を示しました。この問題では，円柱状食品の形状および計算条件の対称性を考慮して，実形状の1/2領域を計算条件として設定し，2次元回転軸対称問題として解析します。

図6.9に示したように食品の半径（r軸）と高さ（z軸）からなる$r–z$平面を作成します。この$r–z$平面は，中心軸（$r = 0$）に関して対称とみなすことができます。中心軸（$r = 0$）を起点に，この平面を1回転させて（回転軸対称），計算結果を3次元的に可視化します。数値解析では，形状や計算条件の対称性を考慮したり，低次元化（例えば実際は3次元問題ですが，可能であれば2次元で解析するなど）したりする場合があります。これは計算コストを軽減させることが主な理由です。ここで，円柱状

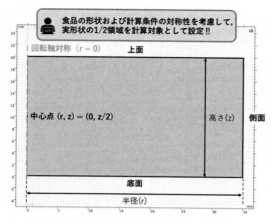

図 6.9　　6.3 節で考察する問題（形状作成）

食品の半径を r (mm)，高さを z (mm) としたとき，食品の中心点座標は $(r, z) = (0, z/2)$（食品の中心高さ軸は高さの半分）であることに注意してください。

　この問題では，初期温度が一定（初期条件）の食品の底面（図 6.9）を金属板に接触させて，ある一定の時間加熱します（第 1 段階加熱）。このとき，金属板に接している底面の温度を設定し，底面と金属板の温度は等しいと仮定します (境界条件)。上面および側面と周囲流体との間では熱伝達が生じていて，熱伝達係数と周囲流体温度（主流温度）を設定して熱伝達による熱流束（単位面積あたりの伝熱量）を指定します（境界条件）。ある一定の時間が経過したら，食品の上下反転を模擬するために，上面を金属板と接触させるように上面温度を金属板温度に変更して（境界条件），さらに加熱します（第 2 段階加熱）。第 2 段階加熱における食品の初期温度は第 1 段階加熱終了時の温度です。また，第 2 段階加熱では，底面および側面では熱伝達による熱が伝えられます（境界条件）。このように第 1 段階加熱時と第 2 段階加熱時では初期条件と境界条件の設定が異なることにも注意してください。

　こちらで設定した計算条件を表 6.3 に示しました。これらの値をアプリに設定して，加熱時における円柱状食品の内部温度変化を計算します。

表 6.3　　6.3 節で設定した計算条件

パラメーター	記号	値	単位
食品の半径	ww	50	mm
食品の高さ	hh	20	mm
食品の熱伝導率	k or k0	0.4	W/(m·K)
食品の密度	ρ or rho0	1080	kg/m³
食品の比熱	c_p or cp0	2500	J/(kg·K)
食品の熱拡散率	a or alpha	1.481×10^{-7}	m²/s
食品の初期温度	T_0 or tini	10	℃
食品周囲の流体温度（主流温度）	T_{ext} or tsi	100	℃
食品周囲の熱伝達係数	h or hn	20	W/(m²·K)
食品の底面・上面温度	T_{pan} or tdw	180	℃
底面からの加熱時間	tend1	180	s
上面からの加熱時間	tend2	180	s
メッシュ最大要素サイズ	maxs	1	mm
境界層（第 1 層）厚さ	maxd	0.002	mm
タイムステップ	tprint	5	s

(2) 計算内容

　前述のような状況で食品の境界から熱が伝えられ，食品内部では非定常熱伝導現象が生じています。このとき解くべき方程式（非定常熱伝導方程式と初期条件，境界条件）は，r 軸と z 軸からなる 2 次元円柱座標系を用いると以下のように書くことができます。なお，第 1 段階加熱時における底面温度（境界条件），第 2 段階加熱時における上面温度（境界条件）は，金属板温度と等しいと仮定し，温度一定（表 6.3 食品の上面・底面温度：T_{pan}）と設定します。

【非定常熱伝導方程式】

$$\rho c_p \frac{\partial T}{\partial t} = \frac{1}{r}\frac{\partial}{\partial r}\left(kr\frac{\partial T}{\partial r}\right) + \frac{\partial}{\partial z}\left(k\frac{\partial T}{\partial z}\right) \tag{6.6}$$

（温度 T が時間 t と場 (r, z) の方程式として表されている。加熱時間 t の進行に伴う食品内の各座標位置 (r, z) における温度分布 (T) の経時変化を計算している）

・第 1 段階加熱の場合

【初期条件】

$$T(r, z, t) = T(r, z, 0) = T_0 \tag{6.7}$$

（食品全体にわたり，加熱前の温度は T_0 と設定している）

【境界条件】

上面と側面：

$$-\boldsymbol{n} \cdot \boldsymbol{q} = q_0 \tag{6.8}$$

$$q_0 = h(T_{ext} - T) \tag{6.9}$$

(熱伝達係数 h に周囲流体温度（主流温度）と食品表面温度の差 $(T_{ext} - T)$ を乗じて熱伝達による熱流束 q_0 を指定している)

回転軸対称（$r = 0$）：

$$\frac{\partial T(0, z, t)}{\partial r} = 0 \tag{6.10}$$

（$r = 0$ において軸対象となる条件を設定している）

・第 2 段階加熱の場合

【初期条件】

$$T(r, z, t) = T(r, z, \mathrm{tend1}) = T_{\mathrm{end1}} \tag{6.11}$$

（底面からの加熱終了時 $t = \mathrm{tend1}$ における食品の温度 T_{end1} を，この場合の初期温度と設定している）

【境界条件】

底面と側面：

$$-\boldsymbol{n} \cdot \boldsymbol{q} = q_0 \tag{6.12}$$

$$q_0 = h(T_{ext} - T) \tag{6.13}$$

（熱伝達係数 h に周囲流体温度（主流温度）と食品表面温度の差 $(T_{ext} - T)$ を乗じて熱伝達による熱流束 q_0 を指定している）

回転軸対称（$r = 0$）：

$$\frac{\partial T(0, z, t)}{\partial r} = 0 \tag{6.14}$$

（$r = 0$ において軸対象となる条件を設定している）

ここで，T：温度 (K または℃)，T_0：底面加熱時の初期温度 (K または℃)，T_{end1}：上面加熱時の初期温度 (K または℃)，T_{ext}：周囲流体の温度 (K または℃)，t：時間 (s)，$tend1$：底面加熱終了時間 (s)，ρ：密度 (kg/m³)，c_p：比熱 (J/(kg・K))，k：熱伝導率 (W/(m・K))，q_0：熱流束 (W/m²)，h：熱伝達係数 (W/(m²・K))，(r, z)：座標，$\boldsymbol{q}$：熱流束ベクトル，$\boldsymbol{n}$：法線ベクトル，$\cdot$：ベクトルの内積記号，∂：偏微分記号です。

(3) アプリの使用方法

表 6.1 に示したように，間接焼き（熱板焼き）加熱調理アプリファイルおよびアプリの概要と使用手順を記載したファイルは，"6.3 間接焼き（熱板焼き）加熱調理.zip" フォルダーに格納されています。アプリの使用手順の詳細は表 6.1 に示した PDF ファイルをご参照ください。

基本的なアプリの使用手順は，1) 計算条件の設定，2) 形状作成，3) メッシュ（分割），4) 計算，5) ポスト処理（計算結果の可視化と確認・考察）です。ここで使用するアプリを起動したときのトップ画面を図 6.10 に示しました。アプリを起動すると，アプリ画面上の見出しやボタンの前に "数字" が記載されていることが確認できます。アプリの操作（入力やボタンクリックなど）は，基本的にその数字の順に行います。計算条件は図 6.10 ①で設定します。単位に注意して，(1) 食品のサイズ（食品の半径・高さ）の設定，(2) 食品の物性値（食品の熱伝導率・密度・比熱）の設定，(3) 加熱条件（食品の初期温度，食品周囲の流体温度・熱伝達係数，食品の底面・上面温度，(1) 底面からの加熱時間，(2) 上面からの加熱時間）の設定，(4) 計算条件（メッシュ最大要素サイズ，境界層 (第 1 層) 厚さ，タイムステップ）の設定を行います。メッシュ最大要素サイズ，境界層 (第 1 層) 厚さ，およびタイムステップの概説は表 6.1 に示した PDF

ファイルに記載しています。なお，"(1) 底面からの加熱時間" は第1段階加熱時の加熱時間，"(2) 上面からの加熱時間" は第2段階加熱時の加熱時間で，これらを加えた時間がトータルの加熱時間です。また，前述のように中心点の座標が（0, 食品の高さ/2）（食品の中心高さ軸は高さの半分）であることに注意してください。

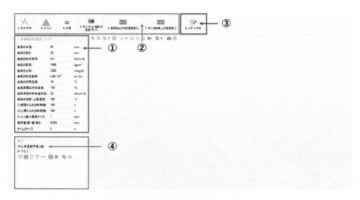

図6.10　　6.3節で使用するアプリ

図6.10 ②には，形状作成，メッシュ分割，計算実行，および計算結果の可視化に関するボタンが配置されています。このアプリにおいて表6.3に示した計算条件を「1. 計算条件の設定 (入力)」で設定し（図6.10 ①），「2. 形状作成」，「3. メッシュ」，「4. 計算」，「5. 中心点 & 複数点温度プロット」，「6. 表面および内部温度変化」，「7. 中心高さ軸上の温度変化」の順にアプリを操作して（図6.10 ②）計算を実行し，解析結果を確認・考察してください。中心点および上面と底面の2点，合計3点の温度変化は1Dプロット（加熱時間と温度の関係）で確認できます。また，表面および内部温度変化や中心高さ軸上の温度変化 $[(0, hh/2)\sim(ww, hh/2)]$ はアニメーションでも確認できます。また，図6.10 ③にある「8. レポート作成」ボタンをクリックすると計算内容の詳細および結果をWordファイルとして保存することもできます。その他，図6.10 ④にあるボタンをクリックすると中心点の温度変化（値）を確認でき，また，この値を他の

ファイル（例えば Excel ファイル）へ取り出すこともできます。

(4) 解析結果

　表6.3に示した条件で，間接焼き（熱板焼き）加熱調理アプリを使って計算した食品の中心点 $(0, 10)$ と中心軸上の底面 $(0, 0)$ および上面 $(0, 20)$ における温度変化を図6.11に示しました。図中の実線は中心点における温度の経時変化で，S字状曲線（シグモイド曲線）的に中心点の温度は上昇しており，この条件では90℃程度まで到達しています。加熱開始後180秒後に金属板との接触面が底面から上面に変わっており，それぞれ一点鎖線，破線で示したように中心軸上の底面 $(0, 0)$ および上面 $(0, 20)$ は変化しています。いま，食品周囲の流体温度を100℃，金属板表面（食品の底面または上面の温度）を180℃と設定したため，上下反転した180秒以降において，底面温度は180℃から徐々に低下していることがわかります。

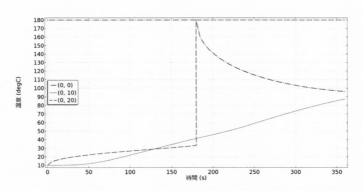

図6.11　6.3節で使用したアプリによる食品の温度変化の計算結果

　また，0〜360秒における60秒ごとの加熱時間における中心高さ軸上の温度変化 $[(0, hh/2) \sim (ww, hh/2)]$ を図6.12に示しました。図6.12における弧長0〜50 mm は，それぞれ中心高さ軸上の座標 $(0, hh/2)$ と $(ww, hh/2)$ を結んだ直線に相当します。半径方向において食品の外側（弧長50 mm）に近いほど温度変化が速く，各加熱時間における内部温度

（例えば弧長 0〜40 mm の領域）はほぼ均等の値となり，時間の経過とともに外側（表面）温度に追随して内部温度も上昇していることがわかります。設定した条件では，食品の底面と上面の弧長が側面より長く，r 軸方向よりも z 軸方法からの熱移動が主体的とみなすことができそうです。

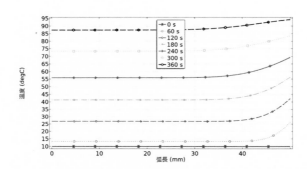

図 6.12　6.3 節で使用したアプリによる食品の中心高さ軸上の温度変化の計算結果

(5) 課題

　1 回の反転（まず底面側から加熱し，一定時間が経過したら食品を反転させて，次に上面側から加熱）のみで，安全に加熱調理ができるような調理条件（サイズや物性値，加熱条件）を，間接焼き（熱板焼き）加熱調理アプリを使って検討してください。食品の種類を変える場合は物性値を変更してください。その際，アプリで計算はできませんが，美味しさや過加熱（例えば，焦げ付きがないか）に関しても想定してください。

6.4　オーブン焼き加熱調理

　ここではオーブン焼き加熱調理を取り上げます。

　オーブン焼きは，オーブンと呼ばれる囲われた空間を加熱する機器の中で食品を加熱する方法です。高温の熱気で食品を蒸し焼きにすることで，食材にしっかりと火を通すことができます。高温の熱気を作るために，図

6.13 に示すように，壁で囲った空間に高温の熱源を設定します。熱源として利用する放射熱源は，ガスバーナーの炎を使ったり，電気ヒーターを使ったりします。高温の放射熱源から（放射熱源に比べて）低温の食品に熱が伝わることを放射伝熱といいます。

　したがって，オーブン焼きを理解するには放射伝熱を知る必要があります。また，オーブン焼きは放射伝熱に加えて食品の周囲にある空気が動くことによる対流熱伝達，食品内部の熱伝導が関係します。

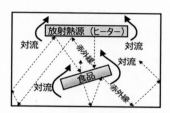

図 6.13　オーブン焼き加熱のイメージ図

6.4.1　オーブン焼き加熱の特徴

　図 6.14 に各方式のイメージ図を示します。オーブンの種類は放射熱源が電気ヒーターで構成される場合には電気オーブン (b)，強制的に空気の対流（コンベクション）を起こす強制対流式電気オーブン (d)，放射熱源が炎である場合，自然対流式ガスオーブン (a)，強制対流式ガスオーブン (c) に分けられます [4]。ここで，自然対流とは温度差によって生じる空気の流れを指します。

　つまり，図 6.14 の (a), (b) は自然対流熱伝達，(c), (d) は強制対流熱伝

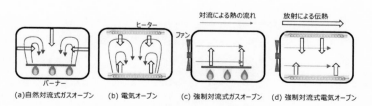

図 6.14　オーブンの機種と放射熱および対流熱伝達のイメージ

達を利用した仕組みといえます。

　食品の下方に熱源があるタイプは，自然対流式によって熱が伝わることになります。現在の主流は，ファンによってオーブンの中の空気を強制的に循環させるタイプで強制対流式と呼ばれるものです。

　オーブン焼きはスチームを使った方式を使うことが多く，その場合には水分の移動を扱う必要がありますが，ここでは話を簡単化するために水分の移動や水分の凝縮や蒸発は取り扱いません。後ほど，マルチフィジックス解析を扱う第 7 章で水分移動を扱うことにします。

　オーブン焼きは熱源から放射される熱線の波長や熱対流の影響を受けます。そのため，同じ生地を同じ時間焼いた場合でも強制対流式ガスオーブンでは焼き色がつくとか，遠赤外線と近赤外線ヒーターでは焦げ方が異なるといったことが起こります。オーブンの種類によって焼き上がりが異なるので，オーブンの選択には注意が必要です [4]。また，オーブン焼きの温度を設定する場合には使うオーブンのタイプを確認し，適切な温度と時間を設定する必要があります。このあたりの状況をケーキの焼き時間と焼き色の関係として表 6.4 で示します [2]。

表 6.4　オーブンの機種と焼き時間と表面の色との関係

機種	熱伝達率 (W/(m²K))	放射伝熱の場合 (%)	焼き時間 (分)	表面の色 L 値
強制対流式ガスオーブン	55	25	11.5	51.4
強制対流式電気オーブン	42	40	15.1	57.3
電気オーブン	24	85	16.2	40.9
自然対流式オーブン	19	50	18.2	61.1

焼き時間：直径 12cm のケーキ型生地 120 g を焼き、中心温度が 97℃になるまでの時間。
L 値：値が低いほど色が濃いことを表す。

　オーブン加熱では放射伝熱の影響を強く受けます。放射伝熱では電磁波の一種である赤外線が熱エネルギーを運びます。赤外線は食品の境界に垂直に入射するときに最も伝える熱のエネルギーが大きくなりますが，斜めに入射する場合，伝わるエネルギーは入射角度が浅くなるほど減ってしまいます。また，放射熱源と食品の境界面との距離が近いほど熱エネルギーはたくさん伝わります。したがって，境界面の角度の影響と放射熱源に対

して食品の境界面がどの程度の距離にあるかということを知っておく必要があります。

オーブン焼きでは自然対流熱伝達と強制対流熱伝達の2種類が利用されることはすでに説明したとおりです。数値解析で両者を取り扱う場合には熱伝達係数が必要となり，それぞれの熱伝達現象に相当する数値を与えることで熱伝達係数を考慮できます。ただ，熱伝達係数は空気の流れの状態によって決まり，空気の流れは食品の形状や調理器具の形状によっても影響を受けるので，実際の状況を理論的に取り扱うことは困難です。

しかし，もしも円柱のような簡単な食品形状を扱うのであれば，それぞれの熱伝達係数を式で与えることができます。そのような例を表6.5に示します。熱伝達係数がこのように式で与えられる場合には，具体的な数値を手計算で求めることができます。

表 6.5 熱伝達係数の相関式の一例

自然対流	強制対流
$h = \dfrac{k}{D}\left[2 + \dfrac{0.589\text{Ra}_D^{1/4}}{\left(1 + \left(\frac{0.469}{Pr}\right)^{9/16}\right)^{4/9}}\right]$	$h = \dfrac{k}{D}\left(2 + \left(0.4Re_D^{1/2} + 0.06Re_D^{2/3}\right)Pr^{0.4}\left(\dfrac{\mu}{\mu_s}\right)^{1/4}\right)$
$\text{Ra}_D = \dfrac{g\alpha_p\rho^2 C_p |T - T_{ext}| D^3}{k\mu}$	$Re_D = \rho U D / \mu$
$Pr = \mu C_p / k \qquad \alpha_p = 1/T$	$3.5 \le Re_D \le 7.6\ 10^4 \qquad 0.71 \le Pr \le 380$
$\text{Ra}_D \le 10^{11} \ and \ Pr \ge 0.75$	$1 \le \dfrac{\mu_s}{\mu} Pr \le 380$

表6.5に掲げた式を使って計算すると，熱伝達係数は自然対流では約5 W/(m^{2}K)，強制対流では約30 W/(m^{2}K) の大きさとなることがわかります。この数値は後ほどの解析で利用します。

6.4.2 アプリを用いた解析・考察

(1) 概要

解析に用いるモデルを図6.15に示しました。上側にヒーター，下方に直方体の食品が設置されています。オーブンは直方体のものであるとしま

した。

　この問題では食品が直方体であることに加えて，放射熱源に対して傾斜する場合も扱うため，軸対称の仮定は使えないので，3次元の計算を行う必要があります。

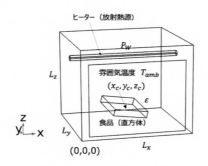

図 6.15　　3 次元のオーブン焼きモデル

対応するアプリの画面を図 6.16 に示します。

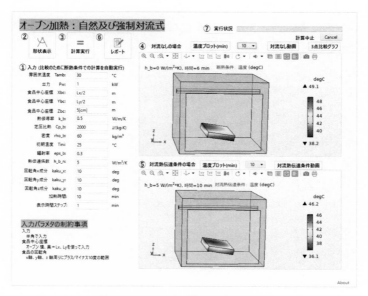

図 6.16　オーブン焼き加熱のアプリ

　図 6.16 のアプリの設定では，オーブンの庫内温度（雰囲気温度）は 30 ℃にしています。オーブン加熱では庫内温度は 170 ℃といった高温になる場合があります。そこで，オーブン加熱の計算を実施する場合には，庫内温度（雰囲気温度）を検討するオーブンの種類に対応した数値に設定します。料理本のレシピにあるオーブンの設定温度の表示はオーブンの雰囲気温度であるので，それを参考にするのもよいでしょう。

　雰囲気温度を含め，アプリで設定されている変数と設定値の一覧を表 6.6 に示します。

　後述のアプリの入力項目にないものは内部の計算式で決めており，何某かの数値が仮定されています。そのため，アプリで計算した結果を業務や研究などで利用する場合にはその点に注意してください。必要に応じてソフトウェアを購入し自身でアプリを開発する必要があることは言うまでもありません。本書に掲載したアプリは利用者を複雑な操作から解放し，アプリを利用した研究開発のスタイルを体験していただくことに重点を置いています。

(2) 計算内容

　オーブン焼きでの食品は，食品の境界から熱が与えられ，食品内部で非定常熱伝導現象が生じます。このとき，温度 T(x,y,z,t) を求めるために解くべき式は x 軸，y 軸，z 軸からなる 3 次元の直交座標を用いると次のように書くことができます。

【非定常熱伝導方程式】

$$\rho c_p \frac{\partial T}{\partial t} = \frac{\partial}{\partial x}\left(k\frac{\partial T}{\partial x}\right) + \frac{\partial}{\partial y}\left(k\frac{\partial T}{\partial y}\right) + \frac{\partial}{\partial z}\left(k\frac{\partial T}{\partial z}\right) \tag{6.15}$$

ここで，記号は前出のものと同じです。

【初期条件】

　非定常熱伝導の解析では時刻 t=0 での食品の温度 $T(x, y, z, 0)$ を与える必要があります。

$$T(x, y, z, t) = T(x, y, z, 0) = T_0 \tag{6.16}$$

表 6.6　本アプリで設定されている変数と設定値の一覧

パラメーター	記号	値	単位
オーブン幅	Lx	30	cm
オーブン奥行	Ly	30	cm
オーブン高さ	Lz	25	cm
食品幅	Lbx	10	cm
食品奥行	Lby	10	cm
食品厚み	Lbz	2	cm
食品中心座標 x 成分	Xbc	Lx/2	
食品中心座標 y 成分	Ybc	Ly/2	
食品中心座標 z 成分	Zbc	5	cm
食品回転角 x 成分	kaku_x	10	deg
食品回転角 y 成分	kaku_y	10	deg
食品回転角 z 成分	kaku_z	10	deg
ヒーター直径	D	1.5	cm
食品の密度	rho_b	60	kg/m^3
食品の定圧比熱	Cp_b	2000	J/(kg*K)
食品の熱伝導率	K_b	0.5	W/m/K
食品の初期温度	Tini	25	degC
食品の放射率	eps_b	0.3	
表面熱伝達係数（自然）	h_b_n	5	W/m^2/K
表面熱伝達係数(強制)	h_b_f	30	W/m^2/K
雰囲気温度	Tamb	30	degC
ヒーター出力	Pw	1	kW
ヒーター放射率	eps_rod	0.8	
オーブン壁放射率	eps_wall	0.8	
加熱終了時間	t_end	10	min
結果表示時間ステップ	t_step	1	min

【境界条件】

食品の境界面に次の形の条件を与えます。

$$-n \cdot q = q_0 \tag{6.17}$$

$$q_0 = h\left(T_{ext} - T\right) + q_{rad} \tag{6.18}$$

ここで，T_{ext} はオーブンの庫内温度（雰囲気温度）です。

　放射加熱があるオーブン焼きでは，すでに学んだ対流熱伝達（式 (6.18) の右辺第 1 項）に加えて放射伝熱による熱流束 q_{rad} が追加されています。

これは放射伝熱が食品の境界面を通じて食品の温度を決めるという事実を反映しています。

詳細は省略しますが，理想的な灰色体を仮定すると吸収率と放射率は等しいと考えることができ，次式を得ます。

$$q_{rad} = \varepsilon \left(G - n^2 \sigma T^4 \right) \tag{6.19}$$

ここで，G は照射 (irradiation) と呼ばれる量で，放射伝熱に関与する物体形状とそれらの位置関係によって決まります。ε は放射率であり，1から反射率 (reflectivity) を差し引いたものです。なお，反射率は物体表面の鏡面反射率と拡散反射率の和です。σ はステファン・ボルツマン定数，n は屈折率です。

G は次の式で与えられるとしています。

$$G = G_m + G_{ext} + G_{amb} \tag{6.20}$$

ここで，G_m は他の境界面からの相互照射量 (mutual irradiation)，G_{ext} は外部の放射源からの照射量，G_{amb} は周囲の雰囲気温度からの照射量です。

q_{rad} は，熱源形状および食品形状が簡単な場合にはすでに学んだ放射伝熱による関係式を使って計算を行うことができます。しかし，ここでは有限な長さの円柱でできた熱源と傾斜する食品に加えて，オーブンの壁からの放射も扱う必要があることから，そのような簡単な式で表すことはできません。そこで有限要素法を使って数値的に求めることになります。有限要素解析ではメッシュを使いますが，そのメッシュで構成される各微小面の向きを自動的に考慮しながら放射加熱の計算を行います。

また，赤外線には遠赤外線と近赤外線があります。両者の差異は波長であり，それらの波長によって食品の加熱具合も変わることが知られていますが，ここではそれを考慮せず，ステファン・ボルツマン則にしたがってすべての波長を含む放射パワーを考え，壁表面に放射率 ε を与えることで放射伝熱量を計算する方法を採用しています。

(3) アプリの使用方法

アプリの画面（図 6.16）に記載した番号を参照しながらアプリの使用

方法を説明します。

　①の入力から開始します。ここではアプリとはどんなものかに慣れる必要がありますので，設定値のままにしておきます。②の形状表示をクリックすると，図 6.17 が表示されます。

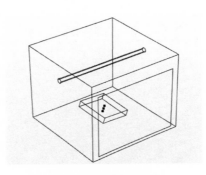

図 6.17　形状表示の例

　オーブンの中に，直方体の形をした食品が傾いて設置されています。①の入力欄を下の方に向かって見ていくと回転角 x 成分，回転角 y 成分，回転角 z 成分が各々 10 度に設定されています。これは x, y, z の各軸周りの回転角で，食品が各軸に沿って右ねじが進む方向に 10 度ずつ回転している，という設定です。食品の内部に描かれている 3 つの点は，後ほど温度の時刻歴を調べるときに使う空間位置です。

　食品の上部には円柱の形をしたヒーターが設置されているのがわかります。これが放射熱源です。①の入力で「出力」とある項目で，このヒーターの出力を設定します。現在は 1 kW に設定されています。

　グラフィックスでよく使うボタンを図 6.18 にまとめておきます。図形が大きすぎる，あるいは小さすぎる場合には，左から 4 つ目のボタンをクリックすればちょうどよいサイズに戻してくれます。右から 2 番目のボタンで画面のキャプチャ，右端のボタンで印刷もできます。

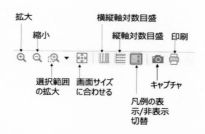

図 6.18　アプリでよく使うボタンの位置と意味

　では，③の計算実行をクリックして計算を行ってみましょう。実行中は⑦の実行状況を示すバーが計算の進行状況を示してくれます。今回のアプリは加熱時間 10 分の現象を計算するのにノート PC でわずか数分しかかかりません。料理ができる前に数値計算の方が先に調理の結果を予測できます。

　数値計算では途中の時刻歴を保存しておき（デフォルトでは表示時間ステップ 1 分なので 1 分ごとに保存），④および⑤で時刻をプルダウンメニューから指定し，温度プロットボタンをクリックすれば，その時刻での温度分布を観察できます。動画ボタン（対流なし動画，対流熱伝達条件動画）をクリックすれば温度分布の時間変化の様子をアニメーションで観察できます。

　このアプリでは，自然対流あるいは強制対流の熱伝達条件の影響も観察できます。さらに対流なし条件を課した場合の結果も観察できます。これらは④で確認できます。熱的には，対流なし条件を実現できれば食品に与えた放射エネルギーを有効に利用できますが，実際には食品の周囲に空気があり，空気との熱交換が行われることで熱的なロスを生じます。④にある「3 点比較グラフ」では食品の内部にとった 3 点での温度の時刻歴を比較できます。

(4) 解析結果

1) 自然対流条件での結果

　まずはアプリに設定されている数値のままで計算をしてみましょう。こ

こではオーブンの雰囲気温度は 30 ℃に設定されています。

　結果の例を図 6.19 に示します。上からの放射加熱であるので放射エネルギーを受ける上面が加熱されています。食品が傾いているために熱い部分が食品の中心からずれた位置にあります。また，ヒーターから見えない食品の裏側部分は温度が低いことがわかります。

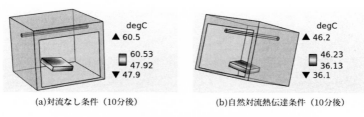

(a)対流なし条件（10分後）　　　　　　(b)自然対流熱伝達条件（10分後）

図 6.19　自然対流式オーブン加熱時の食品表面の温度

　温度の最高値（図中の▲の数値）を見ると，対流なし条件では 60.5 ℃であり，自然対流に相当する熱伝達条件（①の入力項目で熱伝達係数 h_b_n=5 W/m^2/K が設定されている）では 46.2 ℃であることから，予想のとおり，自然対流によって食品は冷やされることがわかります。最低温度（図中の▼の数値）も 11 ℃程度の差があります。

　中心温度の時間変化を図 6.20 (a) に示します。アプリに表示される図をキャプチャボタン（カメラ）で記録（図 6.18 参照）したものです。対流なし条件（点線）にした場合と自然対流の場合（実線）の比較をしてみました。5 分程度経過すると，予想どおり，自然対流によって空気の流れが食品表面から熱を奪いますので，対流なし条件よりも温度が低下します（10 分経過後，対流なし条件では 55 ℃，自然対流では 43 ℃）。

　一方，4 分経過までは自然対流では対流なし条件よりも温度が高くなっている状態が続きます。これは雰囲気温度を 30 ℃に設定しているため，表面温度が雰囲気温度よりも低い時間帯では周囲の空気から食品表面へ熱が移動するためです。オーブンの雰囲気温度を上げるのは，この性質を利用して食品を加熱するためです。

　なお，図に表示されるレジェンド（凡例）を隠すには凡例の表示/非表

示切替ボタンをクリックします（図6.18 参照）。

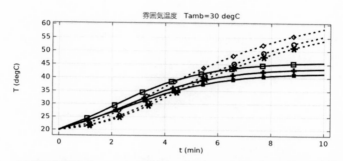

(a) 雰囲気温度 30 ℃での対流なし（点線）と自然対流（実線）の場合

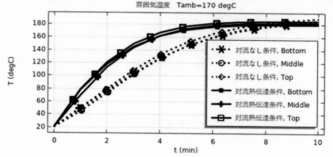

(b) 雰囲気温度 170 ℃での対流なし（点線）と自然対流（実線）の場合

図 6.20　自然対流熱伝達のあるオーブン加熱での食品内部の温度履歴

今度は雰囲気温度を 170 ℃に設定して計算を実施してみましょう。結果を (b) に示します。先ほどの条件に比べて雰囲気温度が高いために，食品の温度は大きく上昇しています。時間が 6 分を経過したあたりで雰囲気温度よりも高い温度に到達しているのは放射加熱が加わっているためです。

2) 強制対流条件での結果

自然対流の場合と同じく，まずは雰囲気温度を 30 ℃に戻します。

強制対流条件での計算を行うには，アプリの中の①入力で，熱伝達係数を 30 W/(m^{2}K) に設定（この場合，数式入力ができるので 5*0+30 と記

109

入すると，元の数値が 5 であったことがわかって便利である）します。このとき，必ずキーボードからの入力は半角英数字にします。③計算実行をクリックすると⑦の実行状況に計算が進行する様子が示されます。

　結果の例を図 6.21 に示します。図 6.21(a) は加熱開始から 10 分経過後の食品表面の温度を斜め上から見た図，図 6.21(b) は同じものを斜め下から見た図です。図 6.21 から，ヒーターに面する上側の温度が高いことがわかります。また，強制対流条件では食品表面の最高温度値が 35.2 ℃であり，自然対流条件での 46.2 ℃（図 6.19(b)）よりも低くなっていることがわかります。

 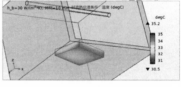

(a) 強制熱伝達条件；斜め上から見た図　　　　　(b) 強制熱伝達条件；斜め下から見た図

図 6.21　強制対流下での食材中心の温度（10 分経過時，雰囲気温度 30 ℃）

　食品内部にとった 3 点での位置での温度の時刻歴は図 6.22(a) に示したとおりです。食材の表面温度が雰囲気温度 (30 ℃) よりも低い 3 分あたりまで，自然対流条件よりも強制対流条件の方が 5 ℃程度温度が高い期間が生じています。その時間を過ぎると強制対流のもつ大きな熱伝達係数によって（食材表面から周囲の空気がより多くの熱を奪うので）食品内部の温度も低い状態で横ばいになっています。

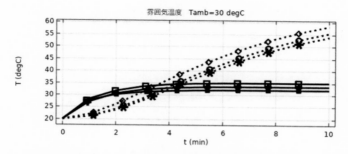

(a) 雰囲気温度 30 ℃での対流なし（点線）と強制対流（実線）の場合

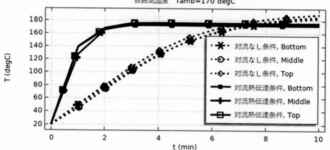

(b) 雰囲気温度 170 ℃での対流なし（点線）と強制対流（実線）の場合

図 6.22　強制対流熱伝達のあるオーブン加熱での食品内部の温度履歴

　食品表面温度よりも高温の熱風を吹き付けると，食品表面温度は上昇します。そのことを確かめてみましょう。

　雰囲気温度を 170 ℃に設定して計算を行ってみましょう。図 6.22(b) に結果を示します。この場合には，早い時刻で食品の温度の立ち上がりが加速されています。これは，強制対流の場合は雰囲気温度との熱交換が大きくその分加熱が早まるためで，高温の熱風を吹き付けると食品表面温度が上昇する理由です。一方，7 分を経過後，対流なし条件よりも低い温度に到達していますが，これも雰囲気温度と平衡する状態に到達するためです。

　詳細は省きますが，対流なし条件での到達温度が高いのは，雰囲気温度が高いと放射加熱量も高まる計算を行っている（式 (6.10)）ためです。

111

(5) 課題

　自然対流熱伝達式オーブン加熱の場合について次の課題に取り組んでください。

1) x,y,z の各軸周りにプラスマイナス 10 度の範囲で角度を変更して，食材の面がどちらの方向を向くかを確認してみましょう。

2) 加熱の数値実験を行い，図 6.19 および図 6.21 に示す温度の色塗り具合（分布）がどのように変化するか，自身のノートにメモをしながら調べてみましょう。

3) 加熱の数値実験を行い，食材の中心付近の 3 点の温度がどのように変化するかを図 6.20 および図 6.22 のグラフで確認してみましょう。

4) 雰囲気温度を変更して，図 6.22 の中心温度の時刻歴に与える影響を検討してみましょう。また，熱伝達境界条件の式に基づいて理由を説明してみましょう。

　強制対流式オーブン加熱について次の課題に取り組んでください。

1) 熱伝達係数の大きさを変更して，強制対流の影響を変更して加熱実験を実行し，図 6.20 および図 6.22 の結果がどのように変化するかを観察してみましょう。

2) 雰囲気温度を皆さんが使っているオーブン加熱の雰囲気温度に変更して加熱実験を実施し，図 6.20 および図 6.22 の結果がどのように変わるかを見てみましょう。

6.5　加熱殺菌

　殺菌とは目的とする対象物（固体・液体・気体）中および表面の微生物の一部またはすべてを殺すことで，食品加工の観点からは食品の保存期間を延長させるため，有害な微生物，または食品衛生上有害な微生物を基準値以下まで死滅させる操作ということができます。一方，目的とする対象物（固体・液体・気体）中および表面の微生物のすべてを殺すこと，すなわち学問上では微生物を完全に死滅させる操作を滅菌といい，食品加工の分野では実用的には微生物の増殖が完全に阻害され長期間貯蔵しても変敗

しなければ滅菌としています。

殺菌方法は，熱を加えて微生物を死滅させる加熱殺菌と，薬剤や放射線などによる冷殺菌に大別されます。現在においては，食品の殺菌では加熱殺菌が主流です [5]。牛乳などの液体食品の殺菌には熱交換器（現在では主にプレート式），缶詰やレトルト食品など容器詰め食品の殺菌（滅菌）には加圧加熱殺菌装置（レトルト殺菌装置）が用いられます。

ここでは，まず加熱による殺菌の工学的基礎理論を解説します。ついで，缶詰のような円柱状食品の加熱殺菌に関する解析を，アプリを用いて行います。

6.5.1　加熱による微生物の殺菌

(1) 微生物の対数的な熱死滅と D 値

一定温度における加熱による微生物の死滅経過に関して，縦軸（y 軸）を対数目盛にとった片対数グラフ用紙を使って，加熱時間に対して生残菌数 N あるいは生存率 N/N_0 をプロットすると，ほぼ直線的に減少する傾向が得られます。ここで N はある加熱時間における生残菌数 (CFU/g または CFU/ml)，N_0 は加熱する前の菌数，すなわち初期（初発）菌数 (CFU/g または CFU/ml) です。生残菌数 N と加熱時間の関係は，縦軸（y 軸）を対数目盛にとった片対数グラフ用紙を使うと図 6.23 のように表されます。図 6.23 において縦軸を生存率にとった場合も，また片対数グラフ用紙を使わずに生残菌数の常用対数あるいは生存率の常用対数をとった場合においても同様に直線関係が得られます。

ここで，図 6.23 の例では，生残菌数が 10^4 から 10^3 へと 1/10 に減少するのに 10 分間かかることを示しています（あるいは 10^3 から 10^2 の場合も同じです）。このような加熱時間，すなわち，ある一定温度において微生物を 1/10 に減少させるのに必要な時間（あるいは微生物数の桁数を一桁下げるのに必要な時間）を D 値（単位は min または s）といいます。

図 6.23 における直線において，直線勾配（傾き）の絶対値の逆数が D 値と等しくなります。D 値は微生物の種類により，また同じ微生物においても温度により異なります。ある微生物に関する D 値は温度によって変化するので，加熱温度を添えて D_{65}，D_{121} などと表示します。同一条

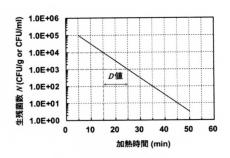

図 6.23　加熱による微生物の生残菌数変化の例と D 値

件ならば，温度の上昇とともに微生物死滅速度は速くなる，すなわち，温度が高くなると D 値は小さくなります。つまり図 6.23 における直線の勾配（傾き）は，温度によって異なり，温度が高くなると傾きが大きく（急に）なります（D 値が小さくなる）。

　ある温度における D 値を D_f (min または s) と置き，加熱時間 t (min または s) と生残菌数 N あるいは生存率 N/N_0 の対数の関係を数式で表すと，それぞれ以下のようになります。

$$\log_{10} N = -\frac{1}{D_f} t + \log_{10} N_0 \tag{6.21}$$

$$\log_{10} \frac{N}{N_0} = -\frac{1}{D_f} t \tag{6.22}$$

　なお，加熱による微生物の生残菌数変化が必ずしも図 6.23 のようにならない場合もあることに注意してください。加熱初期に直線関係が成り立たなかったり，上に凸，あるいは下に凸の曲線や S 字型の曲線を描きながら生残菌数が変化したりする場合もあります。実際上の取り扱いでは，最も問題となる菌種について，生残菌数あるいは生存率の対数が直線的に変化すると仮定して，必要な加熱温度と時間を決定することが多くあります。

【加熱時間と生残菌数の関係】

　微生物の加熱による死滅過程は化学反応における一次反応とみなすことができるので，死滅速度は次式で表されます。

$$\frac{dN}{dt} = -kN \tag{6.23}$$

上の式 (6.23) における k (1/min または 1/s) は死滅速度定数です。式 (6.23) は微分方程式といわれ，式 (6.23) を以下に示すような変数分離法という手法と初期条件で解いて，式 (6.21) を導いてみます。なお，以下に記載される式 (6.32) は式 (6.21) と同一です。

式 (6.23) を変形した式が次の式 (6.24) です。

$$\frac{dN}{N} = -kdt \tag{6.24}$$

上式の両辺を不定積分すると次式が得られます。

$$\ln N = -kt + c_4 \tag{6.25}$$

上式において c_4 は積分定数で，ln は自然対数を示します（※工学分野では自然対数を "ln" と表記することがあります。数学では通常，"$\log_e$" と書きます）。

上式において初期条件：時間 $t = 0$ で菌数 $N = N_0$（初期菌数）として積分定数 c_4 を決定します。

$$\ln N_0 = c_4 \tag{6.26}$$

式 (6.26) を式 (6.25) に代入して整理し，さらに自然対数を元に戻す（真数に戻す）と式 (6.25) が得られます。

$$\ln N = -kt + \ln N_0 \tag{6.27}$$

$$\ln \frac{N}{N_0} = -kt \tag{6.28}$$

$$\frac{N}{N_0} = e^{-kt} = \exp(-kt) \tag{6.29}$$

上の式 (6.29) において e は自然対数の底（ネイピア数）で，工学分野では e の $-kt$ 乗："e^{-kt}" を "$\exp(-kt)$" と表記する場合があります。ここで，上式の両辺において常用対数をとり，対数の底の変換公式を使って，自然対数 ln を常用対数 $\log_{10}$ に変換します。

$$\log_{10} \frac{N}{N_0} = \log_{10} e^{-kt} = \frac{\ln e^{-kt}}{\ln 10} = \frac{-kt}{2.303} \tag{6.30}$$

115

$$\log_{10} N = -\frac{k}{2.303}t + \log_{10} N_0 \tag{6.31}$$

式 (6.31) において，$D_f = 2.303/k$ とおいて整理すると次式が導かれます。

$$\log_{10} N = -\frac{1}{D_f}t + \log_{10} N_0 \tag{6.32}$$

(2) 死滅速度の温度依存性：D 値と z 値

前述のようにある微生物に関する D 値は温度によって変化します。加熱温度を高くすれば D 値は小さくなり，逆に加熱温度を低くすれば D 値は大きくなります。加熱温度を変えて D 値を測定し，D 値の対数値と加熱温度の関係を求めると，図 6.24 に示したような直線関係が得られます。

ここで，図 6.24 の例では，この微生物に関する D 値を 10^3 から 10^2 へと 1/10 に短縮させるためには，加熱温度を 10 ℃上昇させる必要があります。このように D 値を 1/10 または 10 倍に変化させるのに必要な加熱温度の変化を z 値（単位は℃）といいます。z 値が大きい微生物ほど殺菌温度の上昇による効果は少ないことを意味します。

ある温度における D 値を D_f (min または s) と置くと，加熱温度（D 値を測定した温度）T_f (℃) と D 値と z 値の関係，すなわち図 6.24 の関係は次式で表されます。

$$\log_{10} D_f = -\frac{1}{z}T_f + \log_{10} D_0 \tag{6.33}$$

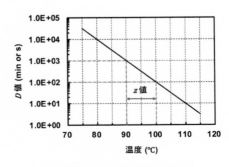

図 6.24　D 値と z 値

上の式 (6.33) における D_0 (min または s) は 0 ℃における D 値とみなすことができます。ここであらためて，ある温度 T(℃) における D 値を D_T (min または s)，ある基準温度（参照温度）T_r (℃) における D 値を D_r (min または s) とすると，D 値と z 値の関係から以下の式が得られます。

$$\log_{10} D_T = -\frac{1}{z}T + \log_{10} D_0 \tag{6.34}$$

$$\log_{10} D_r = -\frac{1}{z}T_r + \log_{10} D_0 \tag{6.35}$$

上の 2 つ式の差をとると

$$\log_{10} \frac{D_T}{D_r} = -\frac{1}{z}(T - T_r) \tag{6.36}$$

式 (6.36) の常用対数を元に戻す（真数に戻す）と次式が導かれます。

$$\frac{D_T}{D_r} = 10^{-\frac{1}{z}(T-T_r)} = 10^{\frac{1}{z}(T_r-T)} \tag{6.37}$$

上の式 (6.37) を利用すると，ある基準温度（参照温度）T_r における D 値 D_r から基準温度とは異なる温度 T における D 値 D_T を求めることができます。

　微生物の耐熱性の指標として熱死滅時間 TDT (min) があります。TDT は，ある温度で対象物（系）に存在する一定菌数の微生物をすべて死滅させるのに必要な加熱時間として定義され，縦軸（y 軸）を対数目盛にとった片対数グラフ上に TDT 値（y 軸）を温度（x 軸）に対してプロットした曲線を TDT 曲線といいます。TDT 曲線も直線関係が得られ，TDT 値と D 値は比例するので，TDT 曲線からも z 値を求めることができます。

(3) 殺菌処理中に雰囲気温度が変化する場合の食品の加熱殺菌効果：F 値

　通常，121 ℃ (250 °F) における TDT 値を F 値と定義します。実際には食品業界では，場面場面によって若干定義が異なる F 値をすべて F 値と呼称して使用している場合が多くあります。ここでは F 値を F_m 値，F_p 値，および F_o 値と区別して定義して用います。

　一定温度で一定菌数の微生物を死滅させるのに必要な加熱時間（熱死滅時間）を F_m 値といいます。F_m 値は次の式 (6.38) のように表され，F_m

値を用いて殺菌条件を検討・設定します。

$$F_m = n \times D_f \tag{6.38}$$

ここで，F_m：F_m 値（ここでの単位は min），D_f：ある微生物のある温度における D 値（ここでの単位は min），n：定数 (-) です。上式における n は殺菌工程において対象とする微生物の重要度（危険度）に応じて決定します。例えば $n = 5$ とした $F_m = 5D_f$ は，ある一定温度で微生物の生残菌数の対数値を 5 だけ減少させる，あるいは微生物の生残菌数の桁数を5 桁だけ減少させるために必要な加熱時間と捉えることができます。

　レトルト食品の殺菌（レトルト殺菌）においては，1920 年代から，酸度の低い通常の缶詰食品の殺菌時間についてボツリヌス菌に対する $F_m = 12D_{121}$ の加熱時間が基準とされています。$F_m = 12D_{121}$ とは殺菌工程によって食品中のボツリヌス菌数の桁数を 12 桁下げる，すなわちボツリヌス菌を 1 兆分の 1 に減らすことによって，この菌による危害を防ぐことができるであろうという考え方で，これを商業的滅菌といっています。

　実際の食品の加熱殺菌処理工程においては，殺菌装置（例えばレトルト殺菌装置）内の雰囲気温度と食品温度は刻々と変化します。例えば包装した食品をレトルト殺菌する際，食品の中心温度と装置内の雰囲気温度は図6.25 で示したような経過をたどります。図 6.25 での例では，実線で示した装置内の雰囲気温度は処理時間 15 min までは直線的に上昇して，その後 35 分間程度最高温度が維持され，そして冷却工程に入り，下降しています。また通常，図 6.25 に示したように装置内の雰囲気温度の上昇に遅れて食品の温度が変化します。

　殺菌処理では、冷却工程も含めて，殺菌工程全体にわたって温度が変化する場合（昇温，定温，降温）の加熱殺菌効果を考える必要があります。なぜなら，例えば 100 ℃における殺菌効果は，121 ℃のときよりも低いかもしれませんが，ゼロではないからです。つまり図 6.25 に示した一例のように処理工程中に温度が時々刻々と変化するのに伴って殺菌効果も時々刻々と変化します。そのため冷却工程も含めた殺菌工程全体にわたって加熱殺菌効果を検証する必要があります。

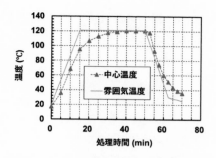

図 6.25　レトルト殺菌時の温度変化の例

　食品を加熱する際，処理工程全体の殺菌効果を，加熱の基準とする温度での殺菌効果に換算した値を F_p 値（単位は min）といいます。すなわち，食品の中心温度が上昇して一定の温度に達し，さらに加熱終了後に下降していく間の刻々の殺菌効果を積算し，これが，基準温度で加熱したときの何分間の殺菌効果に相当するかという数値が F_p 値です。多くの場合，基準温度として 121 ℃ (250 °F) が採用されます。

(4)F_p 値の計算 [6]

　前述のように基準温度として 121 ℃をとることが多いので，ここでは基準温度を 121 ℃として説明します。基準温度を変える場合には 121 ℃をその温度に変更してください。加熱の基準温度を 121 ℃，z 値を 10 ℃としたときの F_p 値を F_o（エフオー）値といいます。一般に F_p 値と呼んでいるのは，多くの場合，F_o 値を意味しています。

　F_p 値を計算するためには，刻々と変化する加熱温度での殺菌効果を121 ℃での殺菌効果と比べる必要があります。ある加熱温度 T ℃での殺菌効果と 121 ℃での殺菌効果の比を致死率（L 値）といいます。L 値は，ある加熱温度 T での D 値 D_T を 121 ℃での D 値 D_{121} と比べたもので，121 ℃での加熱に比べて，その温度 T でどの程度の効果をもつかという数値です。

$$L\ 値 = \frac{D_{121}}{D_T} = \frac{121\ ℃での殺菌効果}{ある加熱温度\ T\ での殺菌効果} \tag{6.39}$$

119

例えば菌数を 1/10 にする加熱時間，すなわち D 値が 121 ℃で 0.3 min，100 ℃で 3.0 min であったとすると，100 ℃での L 値は 0.3/3.0 = 1/10 = 0.1 となります。つまり，この場合，121 ℃での加熱と同じ効果を得るためには 100 ℃では 10 倍（3.0/0.3 = 10）の加熱時間が必要です。

殺菌中の材料（食品）中心温度から計算した致死率（L 値）の経時変化の例を図 6.26 に示しました。図 6.25 に示したように材料（食品）中心温度は処理時間によって変わるため，D 値も各処理時間において異なります。これは式 (6.39) おける分母の値が処理時間により異なることと同じですので，L 値も各処理時間において変化します。つまり冷却工程も含めて加熱殺菌処理工程中では，図 6.26 に示したように L 値は時間（処理時間）によって変化します。

前述のように D 値と z 値の関係から以下の式 (6.40) が成り立ちます。

$$\frac{D_T}{D_r} = 10^{-\frac{1}{z}(T-T_r)} = 10^{\frac{1}{z}(T_r-T)} \tag{6.40}$$

上の式 (6.40) において基準温度を $T_r = 121$ とすると次式が得られます。

$$\frac{D_T}{D_{121}} = 10^{-\frac{1}{z}(T-121)} = 10^{\frac{1}{z}(121-T)} = \frac{1}{L} \tag{6.41}$$

上の式 (6.41) が成り立つことから，致死率 L 値は，一般に以下の式から計算します。

$$L = \frac{D_{121}}{D_T} = 10^{-\frac{1}{z}(121-T)} = 10^{\frac{1}{z}(T-121)} \tag{6.42}$$

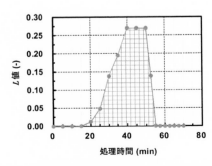

図 6.26　殺菌処理中の致死率（L 値）の経時変化の例

式 (6.42) から L 値を求めるには，対象微生物の z 値と中心温度 T (℃) が必要となります（基準温度を 121 ℃以外に設定するときには上式の 121 を，その設定温度に変える必要があります）。

図 6.26 に示した L 値曲線（L 値の経時変化）と時間軸（x 軸）で囲まれた面積（図中の網掛け部分）が F_p 値であり，次式から F_p 値は求められます。

$$F_p = \int L dt = \int 10^{\frac{1}{z}(T-121)} dt \tag{6.43}$$

ここで，T：中心温度変化 (℃)，t：時間 (min) です。図 6.26 を利用して F_p 値を求める際には，図中の網掛け部分の面積を求めるために台形公式などの数値積分を利用できます。また，F_p 値を算出するための致死率表（例えば基準温度を 121 ℃，z 値を 10 ℃としたときの致死率 L 値の数値をまとめた表）も利用できます。実際の工程では，このようにして F_p 値を算出した後，F_p 値 $\geq F_m$ 値 の確認が重要です。F_m 値は事前に設定した殺菌基準のようなものですので，この値よりも F_p 値が大きくないと殺菌基準をクリアしたことになりません。

6.5.2 アプリによる解析 − その 1 食品周囲の流体温度と熱伝達係数が一定の場合 −

例えば缶詰のような円柱状食品を加熱殺菌する場合を考えて，このときの熱移動現象を解析し，さらに熱移動解析結果を利用して加熱殺菌シミュレーションを行います。

対象食品は固体あるいは粘性の強いゲル・ペーストを想定していて，食品内で流動は起こらないと仮定します。伝熱現象に関しては，食品周囲の流体（水蒸気や空気，水など）とその流体に接している食品のすべての表面の間で熱伝達，また食品内部では非定常熱伝導という熱移動現象が生じています。ここでは伝熱解析により食品内部の温度変化を計算し，その結果に基づいて食品内部の微生物死滅曲線や中心点の F_p 値の変化を求めます。

なお，問題を簡略化するために，缶などの容器，周囲流体と食品との間の放射伝熱は無視し，また，熱移動現象に伴う食品内外で起こる併発反応

（例えばたんぱく質の変性や脱水，脱油など）は取り扱いません。

(1) 概要

　図 6.27 に設定した問題における食品形状を示しました。この問題では，円柱状食品の形状および計算条件の対称性を考慮して，実形状の 1/4 領域を計算条件として設定し，2 次元回転軸対称および $z = 0$ の軸（食品の中心高さ軸）に関して対称の問題として解析します。

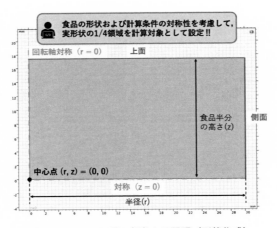

図 6.27　6.5.2 項で考察する問題（形状作成）

　図 6.27 に示したように食品の半径（r 軸）と半分の高さ（z 軸）からなる r – z 平面を作成します。この r – z 平面は，中心軸（$r = 0$）に関して対称とみなすことができます。中心軸（$r = 0$）を起点に，この平面を 1 回転させて（回転軸対称），計算結果を 3 次元的に可視化します。形状作成の際，食品の半径と元々の食品の 1/2 の高さを設定しますので，食品の中心点座標は $(r, z) = (0, 0)$ で，先ほども述べましたように食品の中心高さ軸である $z = 0$ の軸に関して対称条件を設定します。数値解析では，形状や計算条件の対称性を考慮したり，低次元化（例えば実際は 3 次元問題ですが，可能であれば 2 次元で解析するなど）したりする場合があります。これは計算コストを軽減させることが主な理由です。ここでは，図

6.27 に示したように中心点座標 $(r, z) = (0, 0)$ を起点に食品の半径と半分の高さを入力して形状を作成・設定することに注意してください。

この問題では，食品の初期温度は一定（初期条件）で，食品の上面および側面と周囲流体との間では熱伝達が生じていて，熱伝達係数と周囲流体温度（主流温度）を設定して熱伝達による熱流束（単位面積，単位時間あたりの伝熱量）を指定します（境界条件）。

このような伝熱解析による円柱状食品内部の温度経時変化の計算結果を利用して，式 (6.21) と式 (6.33) を組み合わせたような一次反応速度式から食品内部の微生物死滅解析を行うとともに，F_p 値変化を算出します。

こちらで設定した計算条件を表 6.7 に示しました。表 6.7 における食品の半径，食品半分の高さ，食品の熱伝導率，食品の密度，食品の比熱，および食品周囲の熱伝達係数は文献 [7] を，微生物死滅パラメーターである D 値と z 値は，文献 [8] における *Clostridium sporogenes*（ボツリヌス菌の一種）に関する値を参照して設定しました。

(2) 計算内容

1) 伝熱解析

前述のような状況で食品の上面と側面から熱が伝えられ，食品内部では非定常熱伝導現象が生じています。このとき解くべき方程式（非定常熱伝導方程式と初期条件，境界条件）は，r 軸と z 軸からなる 2 次元円柱座標系を用いると以下のように書くことができます。

【非定常熱伝導方程式】

$$\rho c_p \frac{\partial T}{\partial t} = \frac{1}{r} \frac{\partial}{\partial r} \left(kr \frac{\partial T}{\partial r} \right) + \frac{\partial}{\partial z} \left(k \frac{\partial T}{\partial z} \right) \tag{6.44}$$

（温度 T が時間 t と場 (r, z) の方程式として表されている。加熱時間 t の進行に伴う食品内の各座標位置 (r, z) における温度分布 (T) の経時変化を計算している）

【初期条件】

表 6.7　　6.5.2 項で設定した計算条件

パラメーター	記号	値	単位
食品の半径	ww	30.1	mm
食品半分の高さ	hh	17.4	mm
食品の熱伝導率	k or k0	0.682	W/(m·K)
食品の密度	ρ or rho0	958	kg/m³
食品の比熱	c_p or cp0	4350	J/(kg·K)
食品の熱拡散率	a or alpha	1.637×10^{-7}	m²/s
食品の初期温度	T_0 or tini	25	℃
食品周囲の流体温度（主流温度）	T_{ext} or tsteam	121	℃
食品周囲の熱伝達係数	h or hc	5500	W/(m²·K)
処理時間	tend	30	min
タイムステップ	tstep	10	s
メッシュ最大要素サイズ	maxs	0.5	mm
境界層(第 1 層)厚さ	maxd	0.002	mm
Nodes of Gauus 9 points	tnode1	0.112701665	-
Nodes of Gauus 9 points	tnode2	0.5	-
Nodes of Gauus 9 points	tnode3	0.887298335	-
Gauss inner 9 points	ww1	tnode1*ww	mm
Gauss inner 9 points	ww2	tnode2*ww	mm
Gauss inner 9 points	ww3	tnode3*ww	mm
Gauss inner 9 points	hh1	tnode1*hh	mm
Gauss inner 9 points	hh2	tnode2*hh	mm
Gauss inner 9 points	hh3	tnode3*hh	mm
D 値の温度	T_r or Tref	120	℃
D 値	D_r or D0	1.5	min
z 値	z or zz50	10.7	℃
F_p 値算出用基準温度	T_{FP} or TFpref	121	℃
F_p 値算出用 z 値	z_{FP} or zzf	10	℃

$$T\,(r, z, t) = T\,(r, z, 0) = T_0 \tag{6.45}$$

（食品全体にわたり，加熱前の温度は T_0 と設定している）

【境界条件】

　上面と側面：

$$-\boldsymbol{n} \cdot \boldsymbol{q} = q_0 \tag{6.46}$$
$$q_0 = h\,(T_{ext} - T)$$

(熱伝達係数 h に周囲流体温度（主流温度）と食品表面温度の差 $(T_{ext} - T)$ を乗じて熱伝達による熱流束 q_0 を指定している)

回転軸対称 $(r = 0)$：

$$\frac{\partial T(0, z, t)}{\partial r} = 0 \tag{6.47}$$

（$r = 0$ において軸対象となる条件を設定している）

軸対称 $(z = 0)$：

$$\frac{\partial T(r, 0, t)}{\partial z} = 0 \tag{6.48}$$

（$z = 0$ において軸対象となる条件を設定している）

ここで，T：温度 (K または℃)，T_0：初期温度 (K または℃)，T_{ext}：周囲流体の温度（主流温度）(K または℃)，t：処理時間 (s)，ρ：密度 (kg/m^3)，c_p：比熱 $(J/(kg \cdot K))$，k：熱伝導率 $(W/(m \cdot K))$，q_0：熱流束 (W/m^2)，h：熱伝達係数 $(W/(m^2 \cdot K))$，(r, z)：座標，q：熱流束ベクトル，n：法線ベクトル，$\cdot$：ベクトルの内積記号，∂：偏微分記号です。

2) 微生物死滅解析

上述の伝熱解析による温度変化の計算結果に基づいて，以下の一次反応速度式（式 (6.49)）から食品内部の微生物死滅曲線を算出します。

$$\frac{d}{dt}\left(\log_{10}\frac{N(r, z, t)}{N_0}\right) = -\frac{1}{D_r}10^{\frac{T(r,z,t)-T_r}{z}} \tag{6.49}$$

ここで，$N(r, z, t)$：座標 (r, z)，処理時間 t（ここでは min）における微生物の生残菌数 (CFU/g または CFU/ml)，N_0：初期菌数 (CFU/g または CFU/ml)，$\log_{10} N(r, z, t)/N_0$：微生物の対数減数値もしくは生存率の常用対数 (-)，D_r：温度 T_r (℃) における想定した微生物の D 値 (min)，T_r：想定した微生物の D 値 (min) の温度 (℃)，z：想定した微生物の z 値 (℃)，$T(r, z, t)$：座標 (r, z)，処理時間 t（ここでは min）における食品の温度 (℃)，t：処理時間（ここでは min）です。微生物死滅解析を実行するために，想定した微生物のある温度（D 値の温度）における D 値と z 値を設定します。

3) F_p 値変化の算出

前述の伝熱解析による食品の中心点温度変化の計算結果に基づいて，以

下の式 (6.50) から中心点における F_p 値変化を算出します。

$$\frac{d}{dt}(F_p) = 10^{\frac{T(0,0,t)-T_{FP}}{z_{FP}}} \tag{6.50}$$

ここで, F_p:処理時間 t（ここでは min）における F_p 値 (min), $T(0,0,t)$：処理時間 t（ここでは min）における食品の中心点温度 (℃), T_{FP}：F_p 値算出用基準温度 (℃), z_{FP}：F_p 値算出用基準 z 値 (℃) です。F_p 値を算出するために, F_p 値算出用基準温度と F_p 値算出用 z 値を設定します。

(3) アプリの使用方法

　表 6.1 に示したように, ここで使用する加熱殺菌アプリファイルおよびアプリの概要と使用手順を記載したファイルは, "6.5.2 加熱殺菌アプリ.zip" フォルダーに格納されています。アプリの使用手順の詳細は表 6.1 に示した PDF ファイルをご参照ください。

　このアプリでは伝熱解析と微生物死滅解析, F_p 値算出を行います。基本的なアプリの使用手順は, 1) 計算条件の設定, 2) 形状作成, 3) メッシュ（分割）, 4) 計算, 5) ポスト処理（計算結果の可視化と確認・考察）です。ここで使用するアプリを起動したときのトップ画面を図 6.28 に示しました。アプリを起動すると, アプリ画面上の見出しやボタンの前に "数字" が記載されていることが確認できます。アプリの操作（入力やボタンクリックなど）は, 基本的にその数字の順に行います。

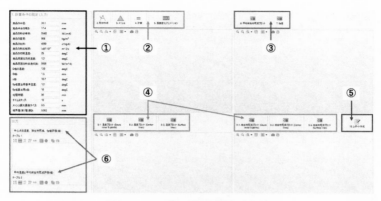

図 6.28　　6.5.2 項で使用するアプリ

　計算条件は図 6.28 ①で設定します。伝熱解析では，(1) 食品のサイズ（食品の半径・半分の高さ）の設定，(2) 食品の物性値（食品の熱伝導率・密度・比熱）の設定，(3) 加熱条件（食品の初期温度，食品周囲の流体温度・熱伝達係数，処理時間）の設定を行います。さらに，微生物死滅解析の設定では，(4) ある温度（D 値の温度）における想定したある微生物の死滅パラメーター（D 値と z 値）を設定します。また，中心点の温度変化の計算結果から F_p 値を算出するために，(5)F_p 値算出用の基準温度と z 値を入力し，メッシュ最大要素サイズ，境界層 (第 1 層) 厚さ，およびタイムステップといった (6) 計算条件も設定します。メッシュ最大要素サイズ，境界層 (第 1 層) 厚さ，およびタイムステップの概説は表 6.1 に示したPDF ファイルに記載しています。

　図 6.28 ②，③，④には，形状作成，メッシュ分割，計算実行，および計算結果の可視化に関するボタンが配置されています。このアプリにおいて表 6.7 に示した計算条件を「1. 計算条件の設定 (入力)」で設定し（図6.28 ①），「2. 形状作成」，「3. メッシュ」，「4. 計算」，「5. 温度変化アニメーション」，「6. 平均微生物死滅プロット」，「7. F_p 値」，「8. 温度プロット」，「9. 微生物死滅プロット」の順にアプリを操作して（図 6.28 ②，③，④）計算を実行し，解析結果を確認・考察してください。計算結果のポスト処理において，このアプリでは温度変化は 3 次元形状のアニメーション

で確認できます。

　また，中心点や設定した複数点における温度変化および微生物死滅曲線は 1D プロット（加熱時間と温度または生存率の関係）で確認できます。このアプリではガウス型積分公式（ガウス法，あるいはルジャンドル・ガウスの公式ともいう数値積分の公式）[9] における 9 分点（分点 $m = 3 \times 3 = 9$）を基準に中心点以外の点の座標を設定しています。また，食品全体における平均微生物死滅曲線や中心点温度変化に基づいて算出された F_p 値を確認できます。また，図 6.28 ⑤にあるボタンをクリックすると計算内容の詳細および結果を Word ファイルとして保存することもできます。

　その他，図 6.28 ⑥にあるボタンをクリックすると中心点の温度変化・微生物死滅曲線・F_p 値，食品全体における平均温度変化や平均微生物死滅曲線を数値として確認でき，また，これらの値を他のファイル（例えば Excel ファイル）へ取り出すこともできます。

　なお，アプリでの微生物死滅解析においては，T_r を Tref，D_r を D0，z を zz，$10^{\frac{T(r,z,t)-T_r}{z}}$ を Df，$\log_{10} N(r,z,t)/N_0$ を logNmb と置き換えて，logNmb の初期値を 0 として計算しています。また，F_p 値の算出の際には，$10^{\frac{T(0,0,t)-T_{FP}}{z_{FP}}}$ を DFF と置き換えて，F_p 値の初期値を 0 として計算しています。

(4) 解析結果

　表 6.7 に示した条件で，表 6.1 に示した "6.5.2 加熱殺菌アプリ.zip" フォルダーに格納されている加熱殺菌アプリを使って計算した食品内の設定した複数点における温度と微生物死滅の経時変化の計算結果を図 6.29 に示しました。

　この図には食品の中心点 $(0,0)$ も含めて，食品の中心高さ軸上（$z = 0$ の軸上）と食品の中心軸上（$r = 0$ の軸上）の合計 9 点における計算値が示されています。当然のことながら，食品の中心点 $(0,0)$ の温度変化と微生物死滅が最も遅いことがわかります。図 6.29(b) を見ると，中心付近と境界近傍で死滅速度に大きな差があり，30 分間の処理で，座標 $(30.1, 0)$ では初期菌数から 22 桁近く微生物が減少しているのに対して，中心点

$(0, 0)$ では 2 桁程度の減少であることがわかります（座標 $(3.3923, 0)$ の結果とほぼ重なっています）。

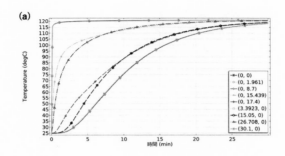

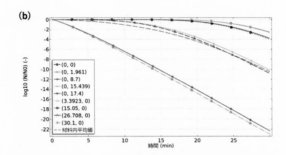

図 6.29　食品内の設定した位置における温度 (a) と微生物死滅 (b) の経時変化の計算結果（食品周囲の流体温度と熱伝達係数が一定の場合）

　図 6.29(b) に破線で示した計算結果は，食品全体における平均微生物死滅曲線で，平均では 10 桁近く減少しており，微生物の種類にもよりますが，安全なレベルまで死滅させることができていると考えられます。図 6.29(b) の結果から，初期菌数を低減させることの重要さが再認識できます。

　図 6.30 には，食品の中心点における温度変化を実線で，食品全体における平均微生物死滅曲線（微生物死滅の食品内平均値）を破線で示しました。また，図 6.31 には，食品の中心点温度の変化から計算した中心点における F_p 値の変化を一点鎖線で示しました。F_p 値は各処理時間までの積

129

算値を示しており，設定した条件では 30 分間の処理時間で F_p 値は 2.8 近くとなっています。

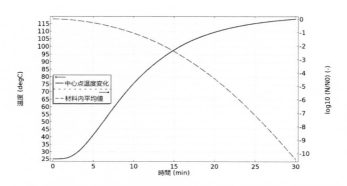

図 6.30　食品の中心点における温度と微生物死滅の食品内平均値の経時変化
（食品周囲の流体温度と熱伝達係数が一定の場合）

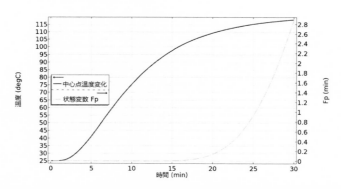

図 6.31　食品の中心点における温度と F_p 値の経時変化（食品周囲の流体温度と熱伝達係数が一定の場合）

(5) 課題

　微生物の D 値や z 値を調べ，それらの値を用いて，円柱状のある食品を想定して（物性値やサイズを変える），表 6.1 に示した "6.5.2 加熱殺菌アプリ.zip" フォルダーに格納されている加熱殺菌アプリを用いて伝熱解析と微生物死滅解析，および F_p 値を算出してみてください。そして設定

した条件で安全性が担保できるか考察してください。加熱が不十分である場合は，過不足なく加熱殺菌ができる条件を選定してください。

6.5.3 アプリによる解析 – その2 食品周囲の流体温度と熱伝達係数が変化する場合 –

6.5.2 項では食品周囲の流体温度（主流温度）と熱伝達係数が一定の条件で解析・考察しました。実際の加工現場においては，殺菌後の冷却も含め，殺菌処理中に食品周囲の流体温度や熱伝達係数は変化します。ここでは，食品周囲の流体温度（主流温度）と熱伝達係数が変化する場合を取り扱います。それ以外は，6.5.2 項と同様です。

(1) 概要

6.5.2 項との相違点は境界条件の設定のみです。図 6.32 に食品周囲の流体温度（主流温度）(a) と熱伝達係数 (b) の実測値の一例 [7] を示しました。これらの値を補間関数として熱流束境界条件において設定します。

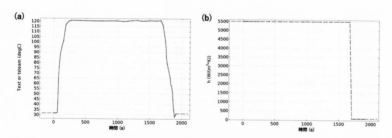

図 6.32　食品周囲の流体温度（主流温度）(a) と熱伝達係数 (b) の実測値（例）[10]

(2) 計算内容

熱流束境界条件の設定以外は 6.5.2 項と同様です。

(3) アプリの使用方法

表 6.1 に示したように，ここで使用する加熱殺菌アプリファイルおよびアプリの概要と使用手順を記載したファイルは，"6.5.3 加熱殺菌アプ

リ.zip″フォルダーに格納されています。アプリの使用手順の詳細は表6.1 に示した PDF ファイルをご参照ください。

　ここで使用するアプリを起動したときのトップ画面を図 6.33 に示しました。6.5.2 項で使用した加熱殺菌アプリと異なるのは，伝熱解析において，食品周囲の熱伝達係数および流体温度の実測値（主流温度）をそれぞれ csv ファイルとして読み込む点です。csv ファイルは時間の単位を秒 (s) と設定し，時間 (s) と熱伝達係数 (W/(m^2・K)) の表，時間 (s) と食品周囲の流体温度 (℃) の表としたものをそれぞれ用意します（つまり csv ファイルは 2 つ）。

　境界条件の設定では，アプリ内の指定場所において，食品周囲の熱伝達係数と流体温度の csv ファイルをそれぞれブラウズして，アプリに読み込むファイルを設定します。csv ファイルの指定および読み込みは図 6.33 ①で実行します。アプリ内で，熱伝達係数と流体温度の変化は補間関数として取り扱われ，実測値のない時間におけるこれらの値を自動的に算出して，伝熱解析に用います。

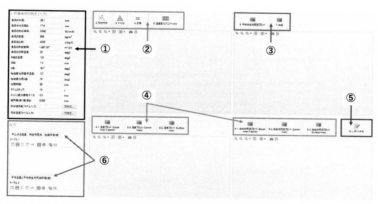

図 6.33　　6.5.3 項で使用するアプリ

(4) 解析結果

　表 6.7 に示した計算条件と図 6.32 で示した周囲流体の流体温度（主流温度）と熱伝達係数の実測値を用いた各計算結果を図 6.34〜6.36 に示し

ます。6.5.2 項での結果と比較してください。

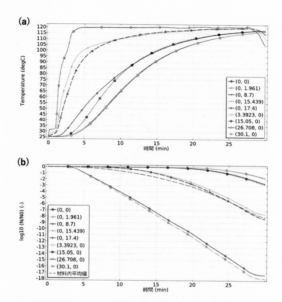

図 6.34　食品内の設定した位置における温度 (a) と微生物死滅 (b) の経時変化の計算結果（食品周囲の流体温度と熱伝達係数が変化する場合）

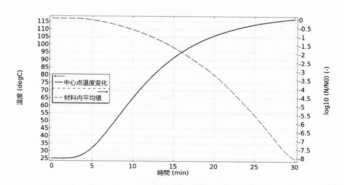

図 6.35　食品の中心点における温度と微生物死滅の食品内平均値の経時変化（食品周囲の流体温度と熱伝達係数が変化する場合）

133

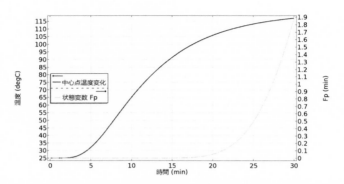

図 6.36　**食品の中心点における温度と F_p 値の経時変化（食品周囲の流体温度と熱伝達係数が変化する場合）**

参考文献

[1]　厚生労働省：食品別の規格基準について，
　　　https://www.mhlw.go.jp/file/06-Seisakujouhou-11130500-Shokuhinanzenbu
　　　/0000071198.pdf
　　　（参照日 2022 年 12 月 27 日）.

[2]　渋川祥子，杉山久仁子：『新訂　調理科学 − その理論と実際 − 』，pp.21-49，同文書院
　　　(2005).

[3]　渋川祥子：『食品加熱の科学』（渋川祥子編），pp.104-144，朝倉書店 (1996).

[4]　渋川祥子：『料理がもっと上手になる！　加熱調理の科学』，講談社 (2022).

[5]　安達修二，古田武：『はじめて学ぶ・もう一度学ぶ食品工学』，pp.20-27，恒星社厚生閣
　　　(2021).

[6]　清水潮：『食品微生物の科学　第 3 版』，pp.180-200，恒星社厚生閣 (2012).

[7]　Welt, B.A., Teixeira, A.A., Balaban, M.O., Smerage, G.H., Hintinlang, D.E.,
　　　and Smittle, B.J.: Kinetic Parameter Estimation in Conduction Heating Foods
　　　Subjected to Dynamic Thermal Treatments, *J. Food Science*, Vol. 62, No. 3,
　　　pp.529–534, 538 (1997).

[8]　Chung, H.-J., Birla, S.L., and Tang, J.: Performance Evaluation of Aluminum
　　　Test Cell Designed for Determining the Heat Resistance of Bacterial Spores in
　　　Foods, *LWT – Food Sci. Technol. (Lebensmittel-Wissenschaft -Technol.)*, Vol. 41, No.
　　　8, pp.1351–1359 (2008).

[9]　河村哲也：『数値計算入門』，pp.170-178，インデックス出版 (2012).

第7章

数値解析事例
−マルチフィジックス解析−

　本章では食品を扱う上で必要なマルチフィジックス解析の説明をします。

　マルチフィジックス (Multiphysics) は多重物理連成という意味です。加熱調理や食品加工にはさまざまな自然現象を伴い，水分移動現象，電磁気現象，相変化といった複数の物理が連成します。ここでは連成現象の解析方法を説明します。

　第 6 章同様，CAE アプリを利用しながら理解を深めていきます。ここで使用する数値解析アプリ（CAE アプリ）は "はじめに" で示した Web サイトで公開・配信していますので，各自，アプリをダウンロードしてアプリを使いながら（手を動かしながら）読み進めてもらえればと思います。

表 7.1　第 7 章で使用する数値解析アプリ

節	フォルダー名	ファイル名	備考
7.1	7.1 スチームコンベクション加熱.zip	Steam_convection_V60.exe	1)
		Steam_convection_V60.pdf	2)
7.2	7.2 ジュール加熱.zip	Joule_heating_V60.exe	1)
		Joule_heating_V60.pdf	2)
7.3	7.3 マイクロ波加熱.zip	Microwaveheating_V60.exe	1)
		Microwaveheating_V60.pdf	2)
7.4	7.4 凍結および解凍.zip	Freeze_thaw_V60.exe	1)
		Freeze_thaw_V60.pdf	2)

1)　数値解析アプリ実行ファイル
2)　アプリの概要説明および使用手順が記載されたファイル
※　上記のファイルは，"はじめに"に記載されたアプリ公開 Web サイトから無料でダウンロード・使用することができます。

【要点】

- 食品は熱伝導現象のほかに水分移動現象，マイクロ波加熱やジュール加熱などの電磁気現象，凍結解凍に伴う水分の相変化を伴います。
- 食品はマルチフィジックス（多重物理連成）解析が必要になります。
- マルチフィジックス解析は実現象の予測性を増すとともに先端的研究分野につながる解析であり，読者は食品のマルチフィジックス解析の考え方を習得することで最先端領域に進む糸口をつかむことができ

ます。

【本章で扱う伝熱現象の連関図】

　本章では，物質移動，ジュール加熱，マイクロ波加熱，凍結・解凍を取り上げます。伝熱形態として熱伝導，対流熱伝達，放射伝熱，発熱源として相変化に伴う潜熱，通電によるジュール発熱，マイクロ波による誘電加熱が複雑に絡んできます。したがってそれらを説明するために数式が数多く現れるので，どうしても難しく感じる読者もいることと思います。しかしそれらをよく見ると同じものが繰り返されていることが分かります。そこで，そのあたりの状況を図7.1に図解しておきます。本文を読んでいく過程でわからなくなったら，この図に戻って，いまどこを考えているのかを都度，確認していくとよいでしょう。

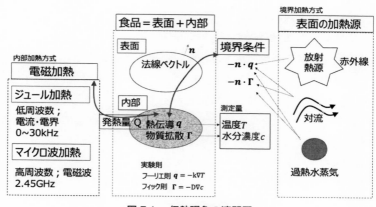

図 7.1　伝熱現象の連関図

　この図を見ながら，第7章の内容を簡単にレビューしておきます。知らない用語が出てきても後ほど説明しますのでいまのところは気にせず，図を眺めてください。

　どの加熱調理でも，常に含まれる物理は食品内部の非定常熱伝導です。食品の周囲の空気が動くことによる対流熱伝達を考える場合には，食品内部の非定常熱伝導方程式の境界条件の項目に対流熱伝達境界条件が加わり

ます。したがって食品＝内部（非定常熱伝導）＋表面（対流熱伝達境界条件）と考えて伝熱現象を扱うことになります。水分も同じことで，食品＝内部（水分の拡散方程式）＋表面（水分の輸送に関する境界条件）と考えます。

　次に，加熱源を理解しておきましょう。放射伝熱は赤外線が電磁波の形で食品表面を加熱すると考えますので，この場合には境界条件の形で放射伝熱による加熱を扱うことになります。一方，同じ電磁波でもマイクロ波の場合（周波数は 2.45 GHz）には空中を伝播する電磁波が食品に入射され，食品に含まれる水分子を振動させることが原因となって加熱されます。そのため，この場合には食品内部にマイクロ波による発熱源が生じるとして扱います。ジュール加熱は電磁波の周波数が低くなった場合（例えば 30 kHz）の現象ですが，このような低い周波数の現象では食品の導電性をもつ部分に電流が流れると考えて，食品内部に発熱源としてジュール熱が生じるとした扱い方をします。

　一方，凍結・解凍には相変化を生じます。相が変化すると相変化の開始から終了までの間，潜熱を生じます。この場合，経過時間と温度変化を記録してみると，融点や沸点で温度が変化しないという現象が起こります。この現象は，非定常熱伝導方程式に表れる密度と定圧比熱の積に相変化の影響を入れることでうまく扱うことができます。したがって，相変化は物性の変化に注目する解析といえるでしょう。水分を扱う際には，水分の蒸発潜熱を境界条件として取り扱うこともあります。

　これらを適宜，組み合わせて解析を行うのがマルチフィジックス解析です。

　本章ではいくつかの加熱調理方式を取り上げながら説明をしていきます。

7.1　スチームコンベクションオーブン加熱

　ここではスチームコンベクションオーブン加熱による加熱調理のフィジックスを取り扱います。スチームコンベクションオーブンは大量調理の

厨房で多く使用される加熱機器であり，家庭用にも広がっています。

　スチームコンベクションオーブンはスチーム（蒸気）による加熱とオーブン加熱を組み合わせたものです。コンベクションは対流という意味であり、強制対流のための送風機（ファン）がついており、コンベクション（対流）の強さを調整できます。

　ここでは，オーブン焼きで実施した解析に水分の移動というフィジックスを連成させてマルチフィジックス解析を行う方法を説明します。

7.1.1　スチームコンベクションオーブン加熱の特徴

　スチームコンベクションオーブンは図7.2に示すような加熱調理器具です。蒸気発生装置と加熱装置で構成されています。

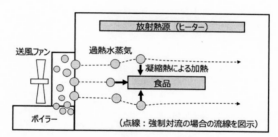

図 7.2　スチームコンベクションオーブンのイメージ図

　この加熱調理の特徴は，高温にした過熱水蒸気を利用する点にあり，第6章のオーブン焼きでは省いた水分の移動が関係します。

　スチームコンベクションオーブンでは，外部のボイラーを使って高温の水蒸気を発生させ，それを送風ファンで庫内に送り込むことで，食品の周囲は 100 ℃以上に過熱された過熱水蒸気で満たされています。

　過熱水蒸気がそれよりも温度の低い食品表面に到達すると凝縮が起こり，凝縮熱を放出することによって食品を加熱します。スチームコンベクションオーブンでは初期の食品表面の加熱速度が速いという特徴がありますが，それは凝縮熱を利用できるからです。

　高温のスチームと強制対流をともに利用できますので，食品を短時間で

適温まで上げることができ，表面に焦げ色がつきにくい加熱調理法です。一方で，食品の体積が大きい場合には食品内部へ温度が伝わる時間がかかってしまい，食品の表面で凝縮した水分を食品が吸ってしまうこともあります。また，オーブンの中は高温の蒸気があるので，扉を開ける場合には十分な注意が必要です。

【過熱水蒸気】

　過熱水蒸気の説明をします。米やサツマイモの蒸し調理で水蒸気を利用する加熱法は古くから利用されています。この水蒸気は飽和水蒸気と呼ばれるもので，蒸発や沸騰で発生した水蒸気を意味します。この飽和水蒸気をさらに加熱することで得られる気体を過熱水蒸気と呼びます。

　図 7.3 に水の飽和蒸気圧曲線を示します。水の沸点は 1 気圧で 100 ℃，2 気圧で 121 ℃になりますが，これらの水蒸気をさらに加熱することで過熱水蒸気になります。過熱水蒸気による加熱は高温空気による加熱に比べて熱伝達特性が良いといった特徴があります [1]。

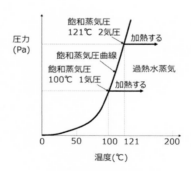

図 7.3　飽和蒸気圧曲線

　実際の調理機器は過熱水蒸気の凝縮熱による加熱に加えて，6.4 節で学んだヒーターによる放射伝熱を組み合わせることがあります。さらに，先述のとおり第 6 章で扱ったオーブン焼きのアプリでは省略した水分の移動を扱います。食品の周囲には空気があるので，対流熱伝達も生じます。これらの複合的な現象を理解しておく必要があります。

　実際の機器で実現されているスチームコンベクションオーブンそのものを扱うのは本書のレベルを越えますので，その中で起こっている代表的な物理過程を簡単に体験・理解できるような方法で説明していきます。オーブン焼き加熱調理は食品の表面温度が 150 ℃から 200 ℃になるので，表面の水分は蒸発して乾燥し，温度が上昇してアミノカルボニル反応（メイラード反応）などが促進されてきれいな焼き色や香ばしい風味が生じます。そのあたりの取り扱いも本書の範囲を超えることから，説明を省きます。

　放射熱源を設置して食品を放射加熱することを考えます。このとき，食品の表面温度が上昇し，その熱が熱伝導によって食品内部を徐々に加熱していきます。食品の表面で水分は対流による物質移動によって食品表面から蒸発する，あるいは凝縮します。それに伴って食品の水分量は変化します。このとき食品表面での水分量がどのように変化するかをモデル化して境界条件として設定する必要があります。それには外気に含まれる水分量の影響を考慮する必要があります。食品表面で水分量が変化すると食品の内部からその不足分を補うように食品の内部の水分が移動します。そのような現象を物質移動と呼びます。さらに，物質移動に伴う温度変化の取り扱いにおいて，水の潜熱が凝縮熱として食品に加わる，あるいは蒸発熱として食品から奪われることになります。

　水分移動の検討においては，食品内部の多孔質部分の孔のサイズが小さいものとみなし，孔を完全に埋めて飽和状態にあるとした簡単な取り扱いがなされます。この場合，水分の移動は拡散現象で記述できます。一方，孔の径が大きい場合には，孔の中には空気と水が共存し，水分が孔を完全に埋めていない場合には空気と水の界面があると考えられます [2]。皆さんもよく知っているように，気液界面があれば界面には表面張力が作用します。この場合の水の移動の取り扱いは複雑になります。

　本書では現象のモデル化を簡単化するために，水分の移動を拡散によって取り扱うことにします。

7.1.2　アプリを用いた解析・考察

(1) 概要

　ここで紹介するアプリは，チキンパテのスチームコンベクションオーブン調理のモデルです。過熱水蒸気の温度を設定し，チキンパテの温度変化を検討でき，チキンパテの上方と下方には平板上のヒーターを設置できます。また，対流熱伝達も扱うことができます。

　アプリには蒸気発生装置もファンもともに形状はどこにも見当たりませんが，蒸気発生装置はバルクの水分濃度と雰囲気温度として表現されており，ファンは強制対流の熱伝達係数の数値で表現されます。このように，形状のモデル化はしないものの，食品の周囲には相応の状態があるとします。数値解析ではこのようなモデル化がよく利用されます。

　ここで，バルク (Bulk) とは周囲の空気のうち，食品に直接触れていない部分を指します。食品の境界面を海岸とすると，バルクは沖合いといった意味合いです。

　図 7.4 に計算モデルを示します。食品は半径 Rp，厚み Hp の円筒形としています。これらのパラメーターの数値を変更することで食品の半径と高さを変えることができます。また，食品の上側と下側に平板状の放射源があり，食品の中心から上下方の放射源までの距離を各々 Hupper，Hlower としています。放射熱源は，上方の放射熱源が 200 W，下方の放射熱源が 400 W としています。

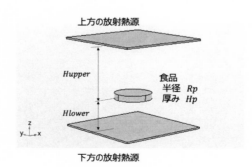

図 7.4　スチームコンベクションオーブン加熱

　数値計算の特徴として，実験で難しい「ある現象のみ意図的に取り除く」ということも簡単にできます。ここでは過熱水蒸気による加熱現象のみに注目して理論的に検討を行うために，スチームコンベクションオーブン加熱系から，放射加熱および対流熱伝達のみを消し去る方法も示します。

　ここで使用するアプリを図7.5に示します。

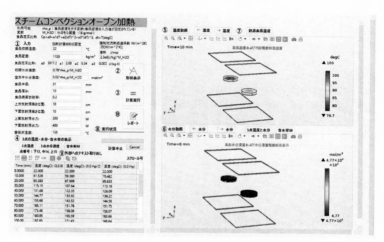

図7.5 スチームコンベクションオーブン加熱のアプリ

　アプリに設定されている変数と設定値の一覧を表7.2に示します。

(2) 計算内容

　本書では微細な孔のある多孔質食品を取り扱うことにして，水分移動を拡散方程式で扱うことにします。

【水分濃度の拡散方程式】

食品内部の水分は濃度分布として扱います。水分濃度を c とすると，その時間変化は次式で表されます。

$$\frac{\partial c}{\partial t} = -\nabla \cdot J_m \tag{7.1}$$

143

表 7.2　本アプリで設定されている変数と設定値の一覧

設定項目		
形状に関する項目		
食品の半径	Rp	31 (mm)
食品の厚み	Hp	10 (mm)
ヒーターの幅	Lx	5*Rp
ヒーターの奥行	Ly	5*Rp
ヒーターの厚み	Lz	Hp/4
上側ヒーター位置	Hupper	10 (cm)
下側ヒーター位置	Hlower	10 (cm)
食品の物性と条件		
食品の密度	rho_p	1100 (kg/m^3)
食品の定圧比熱	C_p	本文中に記述
食品の熱伝導率	k_T	本文中に記述
食品表面の熱伝達係数	h_T	25 (W/(m^2*K))
水のモル質量	M_H2O	18 (g/mol)
食品の初期水分量	c0	0.78*rho_p/M_H2O
食品の初期温度	T0	22 (degC)
食品の放射率	eps_food	0.2
食品の蒸発潜熱	lda	2.3e6 (J/kg)*M_H2O
水分の拡散係数	D	本文中に記述
比水分容量	C_m	0.003
水分伝導率	k_m	1.29e-9 (kg/m^3)
水分質量輸送係数	h_m	1.67e-6 (kg/(m^2*s))
雰囲気条件		
雰囲気温度	Tamb	135 (degC)
大気中バルク水分濃度	c_b	0.02*rho_p/M_H2O
ヒーター条件		
上側ヒーター出力	Qupper	200 (W)
下側ヒーター出力	Qlower	400 (W)
加熱条件		
加熱終了時間	t_end	900*2 (min)
結果表示時間ステップ	t_step	10 (min)

ここで，J_m は拡散流束ベクトル (単位時間・単位面積あたりを通過するモル濃度)，c は濃度 $\mathrm{mol/m^3}$，D は拡散係数 $\mathrm{m^2/s}$ です。式 (7.1) は，周囲から流入してくる J_m の総和が濃度の時間変化率を決めることを示しています。

フィックの拡散則から，式 (7.1) の右辺の拡散流束は次式 (7.2) で記述できます。

$$J_m = -D\nabla c \tag{7.2}$$

式 (7.2) の右辺第 1 項に負号がついているのは，濃度が減る方向に流束を正にとる（濃度の高い側から濃度の低い側へ濃度変化が生じることを表現する）ためです。なお，∇ について，式 (7.1) では相手がベクトル J_m であるので発散演算子として作用させ，式 (7.2) のように相手がスカラー c の場合には勾配演算子として作用させていることに注意します。

　また，D は拡散係数ですが，ここでは次の相関式を使います。

$$D = \frac{k_m}{\rho C_m} \tag{7.3}$$

ここで，式 (7.3) に出てくる量は下記のとおりです。

k_m：湿り気伝導率 (moisture conductivity)，kg/(ms)

ρ：密度 (density of air)，kg/m^3

C_m：比湿り気容量 (Specific moisture)，kg 湿り気/kg meat

h_m：質量輸送係数（mass transfer coefficient），kg/(m^{2}s)

【濃度の初期条件】

濃度 c の初期条件（時刻 0 の状態）は，食品の水分の濃度はいたるところ、一定値であるとします。

$$c\,(x, y, z, 0) = c_0 \tag{7.4}$$

【食品表面での物質交換】

　食品の表面（境界面）は，周囲の空気中の水分濃度 c_b より表面の水分濃度 c が低いと周囲の空気から食品表面へ向けて水分が移動します。反対に表面濃度 c が周囲の空気中のそれよりも高いと食品表面から空気へ水分が移動します。それを記述したものが次の式です。

$$-n \cdot (-D\nabla c) = k_c\,(c_b - c) \tag{7.5}$$

ここで，n:表面に立てた単位法線ベクトル，c_b はバルク濃度 mol/m^3，k_c は質量輸送係数 m/s であり，次式で与えます。

$$k_c = \frac{h_m}{\rho C_m} \tag{7.6}$$

145

ここで，h_m：質量単位で表した質量輸送係数 $\text{kg}/(\text{m}^2\text{s})$ です。

【非定常熱伝導方程式】

食品内部の温度は，非定常熱伝導方程式を解析することで求まります。

$$\rho C_p \frac{\partial T}{\partial t} = -\nabla \cdot \boldsymbol{q} \tag{7.7}$$

$$\boldsymbol{q} = -k\nabla T \tag{7.8}$$

ここで，C_p は定圧比熱 $\text{J}/(\text{kgK})$ です。熱伝導率 k は水分濃度の影響を受けるとして，参考文献 [2] に掲載されている次の式を適用します。

$$k = \left(0.194 + 0.436\left(c\frac{M_{\text{H}_2\text{O}}}{\rho}\right)\right) W/(mK) \tag{7.9}$$

ここで，c:水分濃度 mol/m^3、$M_{\text{H}_2\text{O}}$：水のモル質量 kg/mol です。

また，定圧比熱も温度によって数値が変化するとします。このとき，C_p は具体的には以下のように書くことができます [3]。

$$C_p = 3017.2 + 2.05\Delta T + 0.24\left(\Delta T\right)^2 + 0.002\left(\Delta T\right)^3 \tag{7.10}$$

式 (7.10) の中の ΔT は，0 ℃ を基準とした $\Delta T = T\,(\text{K}) - 273.15\,\text{K}$ で定義されています。

【温度の初期条件】

食品の温度は時刻 0 で全体が一様であるとします。

$$T\left(x, y, z, 0\right) = T_0 \tag{7.11}$$

【食品表面の熱伝達】

食品の表面では，熱伝達に加えて次の式の右辺第 2 項にあるように水分移動に伴う潜熱を考慮した式を使います。

$$-\boldsymbol{n} \cdot \left(-k\nabla T\right) = h_T\left(T_{amb} - T\right) + \lambda k_c\left(c_b - c\right) \tag{7.12}$$

ここで，h_T：熱伝達係数 $W/(\text{m}^2\text{K})$，T_{amb}：雰囲気温度 K，λ：モルあたりの蒸発潜熱 J/mol です。

式 (7.12) の右辺第 2 項の $\lambda k_c (c_b - c)$ を説明します。式 (7.12) の左辺は食品表面に流入する熱流束です。したがって，$c_b - c > 0$，つまり，食品表面の水分濃度 c よりも周囲の空気の水分濃度 c_b が大きい場合には周囲から食品表面に水分が追加され（凝縮を生じ），その結果として食品表面に生じる水分移動量 $k_c (c_b - c)$ に応じた凝縮熱が食品表面に与えられることを示しています。逆に $c_b - c < 0$ であれば蒸発が起こっており，食品表面から周囲に向かう水分量に応じた蒸発熱が奪われることを意味しています。

【食品表面の放射加熱】

食品表面の熱伝達現象に関する数学モデルを扱う場合，放射伝熱による影響を熱伝達率に含めて考慮するというモデリングが考えられます。

しかし，本書では放射熱源の強さと食品と放射熱源との位置関係の影響を数値計算で検討できるようにするために，熱伝達率による表現ではなく，放射伝熱そのものの物理モデルを組み込んでいます。

放射伝熱は伝熱に関する食品の境界条件を介して数値計算に組み込まれます。なお放射熱源は，食品を挟んで，上側に一枚，下側に一枚あるとします。放射による加熱原理は前節で述べた内容（ステファン・ボルツマン則）と同じです。

【マルチフィジックス解析】

マルチフィジックス解析において，食品は放射加熱開始時刻では一定温度に設定されています。空気の温度 T_{amb} は与えられているため，式 (7.12) の右辺第 1 項にある食品表面での熱伝達量が決まります。同様に，空気中の水分量 c_b が与えられているので，式 (7.12) の右辺第 2 項から，水分移動量 $(c_b - c)$ に応じて表面での潜熱放出量が決まります。これにより，式 (7.5) の右辺で表現される食品表面での水分移動量が決まります。

以上で熱伝導に関する境界条件，水分に関する境界条件が決まりましたので，有限要素解析によって食品内部の温度（式 (7.7) 中の T）と水分の空間分布（式 (7.1) 中の c）が計算されます。熱伝導率は水分の関数である（式 (7.9)）ため，非定常熱伝導方程式（式 (7.7)）は水分の量 c を参照しな

がら計算されます。その結果，食品内部の温度と水分濃度が計算され，境界条件を満たすように食品境界面の温度，水分が更新されます。つまり，境界条件が更新されると，食品内部の温度や水分が更新されていくということになります。この間も，食品表面はその上方と下方に設置した放射熱源からの放射加熱を受けます。ステファン・ボルツマン則から，表面温度が変化すると放射加熱量も時々刻々変化するので，その影響も連成させながら計算を進めます。

このように，熱伝導現象が水分および放射加熱の影響を受ける場合には，熱伝導解析と水分移動解析，それに放射伝熱解析を連成したマルチフィジックス連成解析が必要です。

食品表面での物質交換（式 (7.12)）で示したとおり，食品表面での水分移動は空気中の水分濃度に依存する $(-n \cdot (-D\nabla c) = k_c (c_b - c))$ としましたが，沸点に達するような場合，蒸発の様子は温度の影響を大きく受けることになります。その場合には水分に関する境界条件式は温度を含む形に変更する必要がありますが，ここでは解析を簡単化するためにそのような領域は考えていません。

(3) アプリの使用方法

基本的な考え方は，6.4 節で説明したオーブン焼き加熱アプリの内容と同じです。

図 7.5 の①の「入力」で各条件等を入力し，②で計算モデルの形状を確認し，③で計算を実行します。⑧に計算の実行状況が表示されます。また，⑤で温度の表示を行います。⑥では水分動画に加えて 3 点温度分布と含水率の時刻歴をプロットします。⑦は上下の熱源表面温度の時刻歴を表示します。④の 3 点の温度・水分・含水率の表示では，食品内部 3 点での温度，水分，含水率の計算値の時刻歴をテーブルに出力することで数値の確認ができます。テーブルは，⑨「外部へのテキスト取り出し」で外部に出力できます。具体的には「外部へのテキスト取り出し」の直下にあるアイコン（Copy Table and Headers to Clipboard あるいは Export）を利用して出力します。アイコンにマウスを近づけるとアイコンの説明が表示されます。

　グラフィックス画面は右上側が温度に関する結果表示用で，右下側が水分に関する結果表示用です。⑤の「温度動画」，⑥の「水分動画」では動画のアニメーション表示，「→（右矢印）」あるいは「←（左矢印）」は時間をステップ的に進めるあるいは戻すことができます。使い方としては，まずは動画でざっくりと温度や水分の時間変化を把握します。続いて細かくチェックしたいところでステップごとの表示機能（右矢印あるいは左矢印ボタン）を使うと，変化の様子を詳細に観察することができます。

【入力】

　食品は円柱としていますので，半径と厚み（円柱の高さ）で大きさを指定します。非定常伝熱を扱う場合，食品の特性は密度，熱伝導率，定圧比熱で代表されますので，調べたい食品があれば各数値を調べて入力します。

　定圧比熱は温度の3次関数（式(7.10)）として設定（$C_p = a_0 + a_1 \Delta T + a_2 (\Delta T)^2 + a_3 (\Delta T)^3$）できるようになっています。考えている定圧比熱が，例えば温度に依存しない定数であればa_0以外を0（この場合，$C_p = a_0$）にし，1次関数であればa_0, a_1以外を0(この場合，$C_p = a_0 + a_1 \Delta T$)にします。食品の温度上昇の具合は食品の周りの雰囲気温度に影響されますので，アプリでは雰囲気温度を入力できるようになっています。なお，オーブン加熱調理では雰囲気温度に影響されるこの性質を積極的に利用しています。

　水分は，初期水分濃度と雰囲気中の水分濃度 c_b を指定できます。食品の上下に設置された放射熱源の位置は，円柱（食品）の中心を座標系の原点として「上方放射源高さ位置」と「下方放射源高さ位置」に入力します（図7.2 の Hupper と Hlower に対応）。放射源の出力を単位 W で設定できます。

【形状表示】

　形状表示ボタン②をクリックするとグラフィックウインドウに計算モデル（図7.4 のようなもの）が表示されます。マウスで回転や縮小拡大などを行いながら食品形状，放射源の高さ位置，食品内部の観測点位置が自分

の設定したい内容になっているかを確認します。設定したい内容と異なっている場合には入力①の箇所で該当するパラメーターを修正し，再度，形状表示②ボタンをクリックして計算モデルを表示させます。

【計算実行】

　計算実行③をクリックし，計算を開始します。このアプリでは食品のオーブン加熱時間を 10 分とした計算を行います。この調理時間に相当する計算を PC で行ってみますと，計算時間は 2 分程度でした。このことは，実際の調理現象を PC ではかなり短い時間で計算できることを示しています。計算が開始されると⑦「実行状況」に進捗が表示されます。また，実行状況は動画，ステップ表示，熱源表面温度といったボタンを押した場合にも表示されます。

　なお，計算は「Cancel」を押すことで中止できます。設定内容の間違いに途中で気づいた場合に計算を止めるといったことができます。

　まず，入力項目は変更せずに初期設定のままにしておいて，計算を実行してみましょう。以下のポスト処理（解析結果の処理の意味）で，⑤温度動画，⑥水分動画，⑦熱源表面温度を使います。

(4) 解析結果
【ポスト処理　水分濃度の空間分布】

　調理開始後 10 分経過時の水分濃度の空間分布を図 7.6(a) に示します。

　このアプリでは，外気の水分濃度を入力①の空気中水分濃度として 0.02*rho_p/M_H2O で与えています。具体的な数値で見ると，M_H2O = 0.018kg/mol, rho_p = 1100 kg/m^3 であるので 1.222×10^3 mol/m^3 に設定しています。

　この時間帯では表面の水分濃度は外気の水分濃度よりも高く，表面から水分が放出されています。表示時刻の指定は⑥「水分動画」で「水分 →」あるいは「← 水分」をクリックします。

　調理開始から 600 分経過した段階での水分濃度を図 7.6(b) に示します。食品表面の水分濃度は調理開始 10 分後で（最小，最大）＝ $(1.77 \times 10^4, 4.9 \times 10^4)$ mol/m^3 から 600 分後では（最小，最大）＝

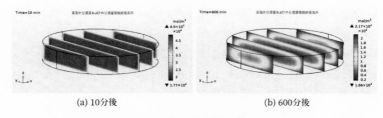

(a) 10分後   (b) 600分後

図 7.6　水分濃度の空間分布 (mol/m^3)

$(1.66 \times 10^3, 2.17 \times 10^4)$mol/m^3 と変化しており，最小値を示す食品表面の水分濃度は，外気の水分濃度 1.222×10^3 mol/m^3 へ向かって減少しています。

【ポスト処理　含水率】

次に，食材の含水率 (%D.B.) を調べた結果を図 7.7 に示します。⑥「水分動画」のボタンのある最右列のところに「含水率 M」があり，これをクリックすると表示されます。

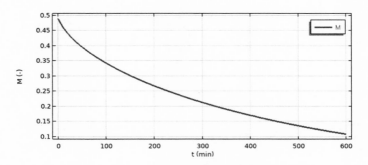

図 7.7　含水率 (% D.B.) の時間変化

図 7.7 より，実験で得られる乾燥曲線と同じ形をしていることがわかります [3]。外気の水分濃度よりも食材表面の水分濃度が高い状態にある初期では，蒸発速度（曲線の接線の傾き）が大きいことがわかります。時間がある程度経過するとその傾きが緩やかになっています。これは周囲の水

分濃度と釣り合った状態に漸近するためです。

【乾量基準（ドライベース）の含水量の計算方法】

　含水率とは食品に含まれる水分の比率であり，乾燥の度合いを知るための重要な量で，実験値とも直接的に比較できる量です。

　ここでは，含水率を乾量基準 (ドライベース) で表現します。

　乾量基準(ドライベース, %D.B.)

　＝水の質量 /（食品の質量 − 水の質量）× 100 %

乾燥を開始した後，時間が十分に経過すると食品表面の水分濃度は外気の水分濃度と釣り合った状態になり，それ以上は蒸発しなくなります。

　含水量の計算方法を説明します。

　材料の質量 M_p は材料の密度を $\rho_p \, \mathrm{kg/m^3}$，材料の体積を $Vol \, \mathrm{m^3}$ とすると，$M_p = \rho_p \times Vol \, \mathrm{kg}$ と計算できます。

　一方，水分は初期状態から時間が経過すると空間に分布するようになるので，水分の濃度 $c \, \mathrm{mol/m^3}$，水分のモル質量 $M_{H_2O} = 18 \, \mathrm{g/mol}$，とすると，食品に含まれる水分の質量 M_w は水分濃度 c を体積積分し，全水分量 $c_{total} = \int_V c \, dV$ として空間の積分をして求めることができます。数値解析では空間を有限要素メッシュで覆いつくしていますので，数値積分をすれば M_w を算出できます。

【ポスト処理　温度分布】

　今度は温度を調べてみます。加熱開始後 10 分での温度分布を食品の斜め上から見た図を図 7.8(a) に示します。時刻の指定は⑤「温度動画」で，「温度 →」あるいは「← 温度」をクリックします。図 7.8(a) では，食材の縁に沿って温度が高いことがわかります。この時刻では表面からの水分蒸発の度合いが高く，放射エネルギーを多く受けて温度が高い面ほど蒸発潜熱を奪われて冷えることからこのようになります。

　600 分経過すると，図 7.8(b)（斜め下方から見た図）に示したように縁から離れた位置での温度が高くなっています。これは水分蒸発の度合いが低くなることで蒸発潜熱による温度低下が減り，放射面に正対している

面の温度が上昇しているためです。今回の数値実験（調理などの実験と区別するためにアプリ上で仮想的に行う実験のことをこのように呼びます）では上下面の放射源までの距離は 10 cm と同じですが，上方放射熱源が 200 W，下方の放射熱源が 400 W と異なる設定にしています。そのため食品に照射される放射エネルギーは下方の方が大きく，その分上面の温度よりも下面の温度の方が上昇しています。そのことを示すために図 7.8(b) は下方から見た角度で表示しています。

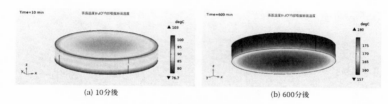

(a) 10分後   (b) 600分後

図 7.8 　表面温度の空間分布 (degC)

【ポスト処理　食品内部にとった 3 点での温度と水分の時間変化】

　図 7.9 に食品中央の 3 点位置での温度と水分の時刻歴を示します。温度および水分をモニターする 3 点について，点番号 13 は食品下面，点番号 14 は食品中央，点番号 15 は食品上面にとっています。縦軸は食品の水分濃度をバルクの水分濃度値で割り算したものとしてプロットしています。バルクの水分濃度はアプリの入力で設定します。1 より大きい場合はバルクの水分濃度値よりも食品の水分濃度が高い，1 より小さい場合にはバルクの水分濃度値が食品の水分濃度値よりも大きいことになります。

　ここでの計算では，時間経過においてオーブンのバルクの水分量は一定としています。したがって，水分量の時間変化はバルクの水分量の数値を変更しないかぎり，①「入力」の設定項目の内容を変更しても変化しません。実際のスチームコンベクションオーブンでは，ボイラーからの蒸発量を調整することでバルクの水分濃度を変化させることができます。読者がモデルを開発する際には，設計するオーブンのバルクの水分濃度の時刻歴を与えることでその影響も数値解析に取り入れることができます。

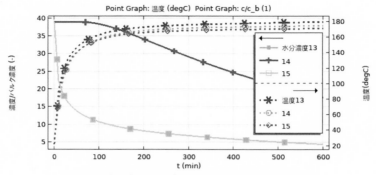

図 7.9　食品中央の 3 点位置での温度と水分の時刻歴

【ポスト処理　放射熱源の温度】

　上方と下方の放射熱源はタングステンに相当する熱物性を与えています。⑦「熱源表面温度」のボタンを押して上下の放射熱源の温度上昇の具合を見てみましょう。図 7.10 に示すとおり，短時間で温度が上昇しています。また，放射熱源では自然対流による冷却をモデル化しているので，ある時間だけ経過して熱平衡に到達した後は一定の温度値を保持します。

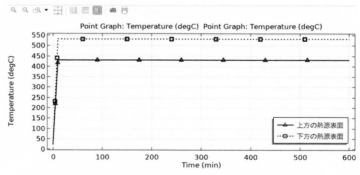

図 7.10　上下熱源表面中心の温度の時刻歴 (degC)

(5) 課題

　実際の現象はいろいろな物理が連成することから，注目する現象のみを

実験で取り出すのは困難です。一方，数値計算はその取り出しが簡単にできます。ここでは，放射加熱と対流熱伝達を除去することで凝縮熱のみによる加熱現象を計算してみましょう。

【雰囲気温度 135 ℃、対流熱伝達なし、潜熱なし、ヒーターなしの場合】

①「入力」で，上面放射源出力および下面放射源出力をともに 0 W にするため，入力は 200*0 あるいは 400*0 とします。この操作によって放射加熱が除去されます。さらに強制熱伝達係数を 0 W/(m²K) にするため，入力は 0*25 とします。この操作によって強制対流熱伝達が除去されます。潜熱も 0 J/mol にするため 0*2.3e6 と入力します。

その後，③「計算実行」をクリックします。⑥の「3 点温度と水分」ボタンをクリックし，結果を表示させます。得られた結果を図 7.11 に示します。食品の初期温度は 22 ℃ですが，時間経過とともに 130 ℃程度に温度が上昇しています。放射加熱源もなし，潜熱も 0 としたので凝縮・蒸発による熱はなし，対流熱伝達による熱交換もないので，これは雰囲気温度と食材表面の間の放射伝熱の結果といえます。

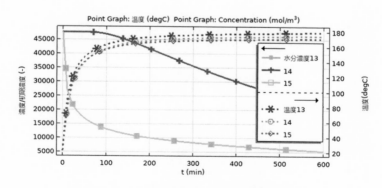

図 7.11　雰囲気温度からの放射加熱の結果

1) 雰囲気温度を 200 ℃に変更し，温度上昇具合を観察してください。
※ (135*0+200) を雰囲気温度に設定します。このように記述して入力をすれば，もとの数値 (135) に戻すのに便利です。直接，135 を 200 と書き

換えて入力してももちろんかまいません。

【雰囲気温度 135 ℃，対流熱伝達なし，潜熱あり，ヒーターなしの場合】
　①「入力」で，上面放射源出力および下面放射源出力をともに 0 W にするため，入力は 200*0 あるいは 400*0 とします。この操作によって放射加熱が除去されます。さらに強制熱伝達係数を 0 W/(m^{2}K) にするため，入力は 0*25 とします。この操作によって強制対流熱伝達が除去されます。潜熱は 1*2.3e6 としてデフォルト値に戻します。その後，③「計算実行」をクリックします。⑥「3 点温度と水分」ボタンをクリックし，結果を表示させます。得られた結果を図 7.12 に示します。

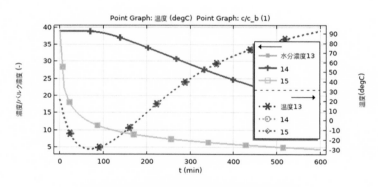

図 7.12　潜熱のある場合の温度と水分の履歴

2) 食品の温度は開始時刻から 70 秒あたりまで温度低下が生じています。この理由を考えてください。
3) 70 秒を経過後は温度が上昇し，600 秒あたりで約 95 ℃に到達しています。この理由を考えてください。
4) 式 (7H12) $-\boldsymbol{n} \cdot (-k\nabla T) = h_T \left(T_{amb} - T \right) + \lambda k_c \left(c_b - c \right)$ で熱伝達係数 h_T を 0 とおくと，$-\boldsymbol{n} \cdot (-k\nabla T) = \lambda k_c \left(c_b - c \right)$ となります。この式を変形すると，$-\boldsymbol{n} \cdot (-k\nabla T) = \lambda k_c c_b \left(1 - c/c_b \right)$ となります。このことから食品の凝縮加熱を効果的に行うには c/c_b はどうあるべきでしょうか。

【バルクの水分濃度値を増やした場合】

①「入力」で，上面放射源出力および下面放射源出力をともに 0 W に
するため，入力は 200*0 あるいは 400*0 とします。この操作によって放
射加熱が除去されます。さらに強制熱伝達係数を 0 W/(m²K) にするた
め，入力は 0*25 とします。この操作によって強制対流熱伝達が除去され
ます。

潜熱は 1*2.3e6 としてデフォルト値に戻します。バルクの水分濃度値を
現状の 100 倍にしてみます。①「入力」の空気中水分濃度に 100*0.02*
rho_p/M_H2O と入力することで 100 倍に変更できます。その後，③
「計算実行」をクリックします。「3 点温度と水分」ボタンをクリックし，
結果を表示させます。得られた結果を図 7.13 に示します。

図 7.13 から，食品表面の水分濃度値が中心部に比べて増大しているこ
とがわかります。また，温度は初期時刻から急激に上昇し，雰囲気温度よ
りも高い 170 ℃あたりに到達しています。

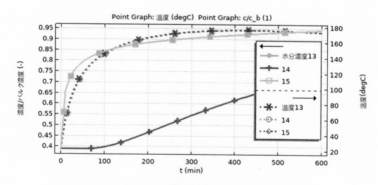

図 7.13　バルクの水分濃度値を 100 倍にした場合

5) 上記の結果と式 (7.12) に基づいて考察した結果を比べてみましょう。
6) 従来知られているスチームコンベクションオーブン加熱で経験的に蓄
積されてきた調理の具合と雰囲気中の水分や温度との関係において，今回
のアプリで説明できる項目があるかどうかを検討してください。

7.2　ジュール加熱（通電加熱）

　ここでは，通電加熱あるいはジュール加熱と呼ばれる加熱方法を取り上げて説明します。ジュール加熱はかまぼこの加熱のために 1990 年代に日本で実用化に成功し，練り製品産業で広く使われるようになってきました。従来の，茹で，焼き，蒸しなどのように外部から間接的に食品を加熱する方法（間接加熱法）では表面部分の温度が先に上がり品質の劣化が激しいのに比べて，ジュール加熱は内部から加熱される仕組みのため食品の劣化を最小限にとどめることができます [4]。

7.2.1　ジュール加熱の特徴

　通電加熱あるいはジュール加熱のイメージは図 7.14 に示すものです。食品が導電性をもつ（電気抵抗値をもつ）ものであれば，食品を電極で挟み，食品内部へ電流を流しこむ（通電する）ことができて，食品内部に自己発熱を発生させることができます。このとき発生する熱をジュール熱と呼びます。電流は直流あるいは交流を使います。直流は電極を腐食させることから，交流がよく使われます。交流の周波数は 30 kHz といった高い数値も使われています。図 7.14 は交流の場合のジュール加熱を示しています。図中の GND はグランド（接地）を意味しています。

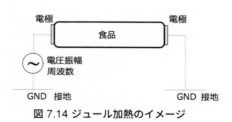

図 7.14 ジュール加熱のイメージ

　この加熱方式では，ジュール熱が食品の内部に生じることで食品は自己発熱します。そのジュール熱を熱源として，熱伝導によって食品の内部に温度分布が形成されます。

　食材で電気抵抗を示すものがあれば，食材に直接，電界をかけて電流を

流す（通電）ことができます。流れた電流の二乗に比例する電気エネルギーが熱エネルギーに変換されることで食材内部に自己発熱を生じ，温度が上昇します。これをジュール加熱あるいは通電加熱と呼びます。

電気ヒーターのスイッチを入れるとニクロム線が熱くなります。ニクロム線は電気抵抗をもっており，それに電流が流れることで自己発熱します。これは皆さんがよく知っているジュール加熱です。

食品のジュール加熱ではそのニクロム線が食材に置き換わったと考えます。食品に直接触れる電極の材質は食品衛生法で定められたものを利用するために，鉄，アルミニウム，白金およびチタンに限られ，腐食のしにくさ，流せる電流量，コストの観点から実際に使用されている通電加熱用電極は大部分がチタンです [5]。

電流は直流と交流の 2 通りがあります。ここでは交流の電流を扱います。交流は時間的に変動する電流で，周波数と振幅をもっています。以前，通電加熱は 50 Hz や 60 Hz の低周波交流が使われていましたが，電極と食品の接触面で電極の腐食が問題となってきたため，現在は 20 kHz 以上の高い周波数の交流を使うようになってきました。なお，ジュール加熱は一般に 30 kHz 以下の周波数をもつ交流による加熱を指します。

ジュール加熱は病原菌の除去，テキスチャーや消化率の改善，解毒といったものにも応用されています。低温殺菌や殺菌などの過程で食材を高温にすると栄養価を損なうことになりますが，ジュール加熱は内部発熱であり加熱時間や加熱量を低減できます [6, 7]。

ジュール加熱による内部加熱方式を利用すれば食品の中心部の温度を短時間で上昇させることができるので，食品の殺菌に必要な加熱時間を短縮できます。また，加熱時間の短縮で，有用な食品成分の熱変性や香味成分の変化などを抑制できます。

例えば，微生物の大きさを 1μm としたとき，微生物の細胞膜に穴を開ける（電気穿孔）のに必要な電位差が 1 V とすると，外部から 10 kV/cm の電界強度をもつ電界を印加する必要があります。実際には通電時間が数 μs のパルス（短時間での矩形上の電圧波形）を複数回繰り返すことで，ジュール熱を抑えながら大腸菌の数を大幅に減少させるといったことが行われています [8]。水産学の分野では，魚肉すり身のゲル化，イクラ・ウニ

の品質向上，カツオ煮熟時間の短縮，といった多くの成果を得ています。

7.2.2 アプリを用いた解析・考察

(1) 概要

　本節で使用するアプリは，ジュール加熱をモデル化したものです。食品の物性値は既存の文献などで探します（例えば参考文献 [8]）。ここでの食品は卵の物性値（参考文献 [9]）を使っています。読者がソーセージのジュール加熱を検討したい場合には，ソーセージの物性値を調べて入力することでソーセージのジュール加熱を実現できます。

　円柱形の卵の両端に電極を貼り付け，交流電圧を流すことを考えます。後ほど説明するジュール熱の発生によって卵の温度が上がります。皆さんは色の変化などから卵の温度を推測できますが，電気についてはどのようになっているかは見ることはできません。ここで紹介するアプリは数値計算を利用していますので，温度に加えて，電流，電位，電界を見ることができます。

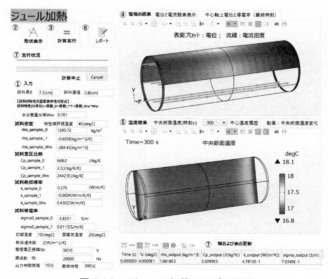

図 7.15　ジュール加熱のアプリ画面

アプリで設定した変数と設定値を表 7.3 に示します。

表 7.3　本アプリで設定されている変数と設定値の一覧

設定項目			備考
形状に関する項目			
食品の直径	D	2.8 (cm)	円柱
食品の長さ	L	7.5 (cm)	
電極の直径			食品直径と同じ
電極の厚み		1 (mm)	固定
食品の物性と条件			
食品の密度		本文参照	T,Ww の関数
食品の定圧比熱		本文参照	T,Ww の関数
食品の熱伝導率		本文参照	T,Ww の関数
食品の電気導電率		本文参照	T の関数
食品の水分質量分率	Ww	0.761	
食品の初期温度	Tini	10 (degC)	
食品の熱伝達係数	hc	2 (W/m^2/K)	
雰囲気条件			
雰囲気温度	Tamb	20 (degC)	
ジュール加熱条件			
周波数	f0	20 (kHz)	
電極電位振幅	Vp	50 (V)	
加熱終了時間	tend	300 (s)	
結果表示時間ステップ	tstep	10 (s)	

ここで使用するアプリを図 7.15 に示します。

(2) 計算内容
【非定常熱伝導方程式】

食品内部の温度は非定常熱伝導方程式を使って解析します。

$$\rho C_p \frac{\partial T}{\partial t} = -\nabla \cdot (-k\nabla T) + Q \tag{7.13}$$

ここで，ρ は食材の密度 kg/m^3，C_p は定圧比熱 J/(kgK)，k は熱伝導率 W/(mK)，Q は発熱量 W/m^3 です。発熱量 Q は食品内部に生じる発熱現象に応じて具体的な物理現象に対応する発熱量に関する表現式を入れる必要があります。ここではジュール加熱を扱っているので，食品内部を流れる電流分布からジュール加熱量を計算する表現式を使用する必要があり

161

ます。

　ここでは密度，定圧比熱，熱伝導率はいずれも絶対温度 TK と水分質量分率 W_{w} の関数として設定しています。

$$\rho = \rho_0 + \rho_1 T + \rho_{\mathrm{w}} W_{\mathrm{w}}$$
$$C_p = C_{p_0} + C_{p_1} T + C_{p_{\mathrm{w}}} W_{\mathrm{w}}$$
$$k = k_0 + k_1 T + k_{\mathrm{w}} W_{\mathrm{w}}$$

卵に関する数値は以下のとおりです [9]。

$$\rho_0 = 1295.72 \left(\mathrm{kg/m^3}\right)$$
$$\rho_1 = -0.0559 \left(\mathrm{kg/(m^3\ K)}\right)$$
$$\rho_{\mathrm{w}} = -284.43 \left(\mathrm{kg/m^3}\right)$$
$$C_{p_0} = 668.0 \,(\mathrm{J/(kg\ K)})$$
$$C_{p_1} = 2.5 \left(\mathrm{J/(kg\ K^2)}\right)$$
$$C_{p_{\mathrm{w}}} = 2442.9 \,(\mathrm{J/(kg\ K)})$$
$$k_0 = 0.276 \,(\mathrm{W/(m\ K)})$$
$$k_1 = -0.0004 \left(\mathrm{W/(m\ K^2)}\right)$$
$$k_{\mathrm{w}} = 0.4302 \,(\mathrm{W/(m\ K)})$$

【電流保存式】

　食品内部の電流は電流の保存を表す次の式 (7.14) を使って解析します。交流を扱う場合には，角周波数 ω をもつ周波数領域での表現式である式 (7.15) を使うのが一般的です。

$$\nabla \cdot \boldsymbol{J} = 0 \tag{7.14}$$
$$\boldsymbol{J} = \sigma \boldsymbol{E} + j\omega\varepsilon_0\varepsilon_r \boldsymbol{E} \tag{7.15}$$

ここで，式 (7.15) の右辺第 1 項はオーム電流であり，式 (7.15) の右辺第 2 項はマックスウェルの変位電流の周波数領域表現です。この表現では，

電流密度も電場も複素数になります。それらの実部が実際の物理量になります。

【電気導電率】

25 ℃の場合の食材の電気導電率を表 7.4 に示します [6]。一般には温度の関数であり，温度が高くなると電気導電率 σ も大きくなります。電気導電率 σ の単位は S/m であり，シーメンス・パー・メーターと読みます。

表 7.4　電気導電率の例

食材	電気導電率(S/m)
ビール	0.143
ブラックコーヒー	0.182
ミルク入りコーヒー	0.357
りんごジュース	0.239
チョコレート（3%脂肪乳）	0.433
トマトジュース	1.697
豚肉	0.64-0.86

電気導電率 σ は温度の関数として与えています。

$$\sigma = \sigma_0 + \sigma_1 T$$

卵の場合の数値を示しておきます [9]。

$$\sigma_0 = -2.8351 \,(\text{S/m})$$

$$\sigma_1 = 0.0113 \,(\text{S/(m K)})$$

【電極】

食材に電流を流すには，電極を設置します。ここでは食材の片側に設置した電極に電位を与えます。また，周波数領域での解析なので，電位の振幅 V_p を境界条件として与えます。

$$V = V_p \tag{7.16}$$

【接地】

もう一方の電極は接地，つまり 0 V を与えます。

$$V = 0 \tag{7.17}$$

【ジュール発熱量】

ここでは，ジュール加熱の場合の発熱項としてどのようなものを組み込めばよいかを紹介します。発熱量は交流の 1 周期あたりの時間平均値を使います。

1 周期あたりの発熱量は，複素電流密度ベクトル J と複素電場ベクトル E（*は共役複素数）の内積の実部（Re, Real part の意味）をとることで式 (7.18) のように計算できます。

$$Q = \frac{1}{2}\mathrm{Re}\,(J \cdot E^*) \tag{7.18}$$

交流の場合には電場は正弦波として振幅が変化するため，その 1 周期あたりに消費されるエネルギーを計算することが必要です。平均値を算出する場合には時間領域で考えます。Q の 1 周期 T_p 間の時間平均は，$Q_{ave} = (1/T_p) \int_0^{T_p} (\sigma E^2)\, dt$ で求められます。$E = E_p \cos(\omega t)$ と表現すると，$Q_{ave} = 1/2 \left(\sigma E_p{}^2\right)$ という関係式を得ることができます。振幅値 E_p と実効値 E の間には $E_p = \sqrt{2}E$ の関係があり，実効値で平均発熱量を表すと $Q_{ave} = \sigma E^2$ となります。食品関係のテキストでは実効値表現の式が出てきますが，数値解析では振幅値を使うので注意する必要があります（家庭用の電圧は 100 V と呼びますがこれは実効値であり，実際の交流電圧は正弦波的に変動し，その振幅は $100\sqrt{2}\,\mathrm{V} = 141.4\,\mathrm{V}$ です）。

【マルチフィジックス解析】

食品の形状は円柱形状としているので，本章で使用するアプリでは，食品の両端に円板上の電極を設置するとしてモデル化しています。片方の円板電極に交流電圧を印加し，残りの円板電極を接地します。なお，ほかの面は電気的に絶縁であるとしています。これらの設定を電気的な境界条件として，式 (7.14) を使って食品内部の電場 E を算出します。食品内部は電気導電率 σ を設定しているので，その電気導電率と算出された電場との積から電流密度 J を式 (7.15) から計算します。本節の事例では 20 kHz の交流を印加していると設定しますので，式 (7.15) の右辺第 1 項

のオーム電流 σE に比べて第 2 項の変位電流 $j\omega\varepsilon_0\varepsilon_r E$ は非常に小さくて無視できます。電流密度 J が決まればジュール発熱量 Q が式 (7.18) で計算でき，その Q を使って今度は熱伝導方程式（式 (7.13)）を解き，温度 T を算出できます。

　食品試料の電気導電率などの物性値は，すべて温度に依存するものとして計算します。この場合には電気導電率を温度の関数として，例えば温度 T の多項式表現などによってその依存関係を与える必要があります。ここでは温度の 1 次関数で表現しています。その他，密度，定圧比熱，熱伝導率は温度の依存性に加えて水分質量分率 W_w の影響も考慮しています。

(3) アプリの使用方法

【入力】

　長さ 7.5 cm，直径 2.8 cm の 3 次元試料（成分は全卵相当）の長手方向に電流を流すために両端に厚み 1 mm の円板電極が設置されています。食品の左側端面に設置した電極には振幅 50 V，周波数 20 kHz の交流が印加されており，もう右側端面に設置した電極は接地されています。

　資料の物性値は温度（絶対温度 T(K)）の 1 次関数で与えており，電気導電率を除いて水分の質量分率 W_w（無次元量）に依存するとしています。W_w に依存しない試料を扱う場合には，①「入力」の水分質量分率 W_w とある入力項目に 0 を入力してください。

　今回のアプリでは，試料の密度，定圧比熱，熱伝導率は絶対温度および水分質量分率の関数として入力でき，電気導電率は絶対温度の関数として入力できます。

【形状表示】

　試料の長さと直径を入力し，②の「形状表示」で確認します。

【計算実行】

　本節で使用するアプリでは，出力時間間隔と最終時間を入力するようになっています。出力時間間隔は 10 秒あたりがよいでしょう。あまり細かく結果を出力しすぎると，後ほどの中心温度履歴の表示処理などで時間が

かかりすぎることになります。

　③の「計算実行」で計算を開始させます。計算の進行具合は，⑦「実行状況」にあるプログレスバーで分かります。計算を中止したい場合にはCancel（キャンセル）を押します。

(4) 解析結果
【ポスト処理　物性値の表示】

　今回のアプリでは，物性値の温度依存性を考慮しています。解析例として利用した物性値は全卵相当の数値であり，温度依存性も考慮しました[9]。

　これらの物性値が評価温度によってどの程度の数値をとるのか評価したいときは，①「入力」にある評価温度 Tc を設定後，⑦の「解および表の更新」をクリックします。すると図 7.16 が表示されます。

　図 7.16 の Tc は評価温度，rho_output は密度，Cp_output は定圧比熱，k_input は熱伝導率，sigma_output は導電率です。評価温度を 20 ℃とした場合と 40 ℃とした場合の各々の温度での物性値を数値で表示しており，導電率 (sigma_output) に大きな差異があることがわかります。

Time (s)	Tc (degC)	rho_output (kg/m^3)	Cp_output (J/(kg*K))	k_output (W/(m*K))	sigma_output (S/m)
0.0000	20.000	1062.9	3259.9	0.48612	0.47749

Time (s)	Tc (degC)	rho_output (kg/m^3)	Cp_output (J/(kg*K))	k_output (W/(m*K))	sigma_output (S/m)
0.0000	40.000	1061.8	3309.9	0.47812	0.70349

図 7.16　指定した評価温度における物性値の計算値

【ポスト処理　電位と電流密度】

　電位と電流密度の解析結果を図 7.17 に示します。電流密度ベクトルは，円柱の軸に沿って平行に，食品の左側から右側に向かって流れています。これは円柱の断面積が一定であることから一様な電流密度ベクトルが生じているためで，妥当な結果です。また，電圧は色の濃淡（色が濃いほど電圧が高い）で表示されています。電圧は電極電位から接地電極まで線形的

表面プロット：電位；　流線：電流密度

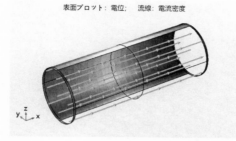

図 7.17　電位（カラーシェーディングと等値線）でおよび電流密度分布

に変化しているように見えます。

　詳しく分析するために，中心軸上の電位と導電率（最終時刻）をクリックしてみます。すると，試料の中心軸上での電位と導電率が図 7.18 のように表示されます。電位はやはり 50 V から 0 V に直線的に変化しています。食品の両端に電極があり，そこでの温度が食品内部の温度よりも低いために，電気導電率 σ は図 7.18 の試料中央部分が平たく電極に近い部分で急減している曲線分布を示しています。

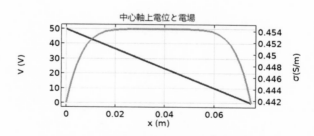

図 7.18　電極間の中心軸上の電位と導電率

【ポスト処理　温度分布】

　通電開始から 300 秒後の温度分布を図 7.19 に示します。中央部の温度が電極付近に比べて高くなっていることがわかります。これが，図 7.18 で示された電極付近で電気導電率が急減する，という分布の原因です。

図 7.19　ジュール加熱による 300 秒後の温度場（初期温度 10 ℃）

食品の中央位置での温度の時間変化は図 7.20 に示したとおりです。

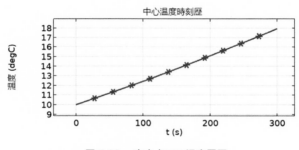

図 7.20　中央点での温度履歴

(5) 課題

1) 周波数 20 kHz，長さを 4 cm，直径を 4 cm，熱伝達係数を 0 W/(m²K)（断熱条件）にして 300 秒の計算を行い，中心温度の時刻歴を調べてください。また，なぜそうなるかを，体積の減少，熱伝達による放熱の変化の観点から考えてみてください。

2) 上記 1) の条件で，周波数のみを 50 Hz に変更して，中心温度の時刻歴を調べてください。また，なぜそうなるかをジュール発熱量の観点から考えてみてください。

7.3 マイクロ波加熱

　ここではマイクロ波による加熱調理について説明します。家庭用では電子レンジに使われています。

　マイクロ波加熱のイメージを図 7.21 に示します。マイクロ波は 2.45 GHz という非常に大きな周波数で振動する電磁場を利用します。7.2 節で扱ったジュール加熱で利用する周波数はこの周波数に比べて非常に低いので，電気的な変化が外部に電磁波となって空気中を伝播することはありませんが，マイクロ波は空気中を伝播できます。

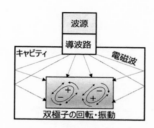

図 7.21　マイクロ波加熱調理のイメージ図

7.3.1　マイクロ波加熱の特徴

　マイクロ波はその大きな周波数により食品に含まれる水分子のもつ双極子を回転および振動させることができます。水分子は，周囲との摩擦熱を生じることで自己発熱します。この自己発熱を熱源として，熱伝導によって食品内部に温度分布が形成されます。

　マイクロ波による調理加熱の原理について説明します。ジュール加熱に似ていますが，マイクロ波は電磁波として空中を伝播するところに特徴があります。この空中伝播はマックスウェルの変位電流によって生じます。ジュール加熱では変位電流の大きさがオーム電流に比べて小さいので無視できましたが，マイクロ波では周波数が 2.45 GHz と非常に大きいので，変位電流が大きな影響をもちます。

　電子レンジの作動中，食品中に含まれる水分を構成する水分子が電磁波

で加振され振動します。このとき摩擦熱を生じることで食品中に自己発熱
領域が生じて，温度が上昇します。仮に水分が食品に含まれていない場合
には電磁波を照射しても発熱せずに加熱されません。これはマイクロ波が
食品を選択的に加熱できることを意味しています。

　皆さんが家庭で利用している電子レンジは，電磁波が外部に漏れて人体
に影響を及ぼさないように密閉された容器を使います。電子レンジにはガ
ラス窓がついており，電子レンジの中を見ることができますが，ガラスを
よく見ると金網が埋め込まれています。電磁波は波長（光の速度を周波数
で割り算したもの）より狭い金属の間を通過できない性質があります。マ
イクロ波の波長は 12 cm で金網の隙間の方が狭いため，マイクロ波が外
部に漏れることはありません。一方，電子レンジのガラス窓からは光は
（マイクロ波の波長よりも十分に短く，金網の隙間を通過できるので）目
に見えます。なお，皆さんがガラス窓を開けた場合にはマイクロ波の発生
が自動停止するように設計されているので，安全に使用することができ
ます。

　電子レンジは皆さんにとって身近な加熱調理器具であるため，加熱の原
理などあまり気にしないかもしれませんが，電子レンジの中では電磁波が
まるで生き物のように動いています。皆さんが電子レンジに入れる食品の
形や大きさに応じてその形は多様に変化します。

　先述のとおり，電子レンジでは 2.45 GHz のマイクロ波を利用していま
す。マイクロ波の発生（波源と呼ぶ）には真空管に似た物理原理に基づく
マグネトロン式の発信源を利用しますが，マグネトロン式は 2.45 GHz の
周りに数十 MHz の周波数のずれがあり，精度が良くありません。

　一方で半導体式では数 Hz のずれに収まる高精度を実現しています。こ
のおかげで電磁波の位相制御を精度良く行うことができ，アンテナの理論
を使って電磁波を所望の場所にのみ照射するといった制御ができるように
なります。例えば，折詰弁当のご飯のみを加熱し，その横の刺身は加熱し
ないといったインテリジェント電子レンジの開発も進んでいます。半導体
式に移行すれば現状のマグネトロン式に比べて電磁波の質が良くなり，電
磁波の理論に近づきます。したがって，もともと高精度な数値解析の方に
実験が近づいてくることになり，数値解析の有用性がさらに高まることが

期待されます。しかし，半導体式はいまのところ値段が高いので一般家庭に導入するにはまだ先のことになりそうです。

　食品のマイクロ波加熱については総説 [10] があります。興味のある方は参照してください。

7.3.2　アプリを用いた解析・考察

(1) 概要

　ここで紹介するアプリは，直方体の電子レンジの中に置かれた円柱形のジャガイモのマイクロ波加熱調理のモデルです。読者の方は電子レンジの中の電磁波の分布を見たことはないと思いますが，このアプリで見ることができます。また，ジャガイモの内部の電磁波も見ることができます。それらを基に，ジャガイモの大きさを変えた場合になぜ温度ムラが生じるのかといったことを考えていきます。

　電子レンジによるマイクロ波加熱の計算モデルを図 7.22 に示します。電磁波の解析を行う場合には，電子レンジの内部に生じる電磁波の反射や回折などを詳細に解析する必要があります。それらは境界形状に大きく影響を受けますので，電子レンジのサイズ，導波管，レンジ庫内の付属物などは実際のものに近い形に設定すれば反射や回折などが自動的に計算されます。

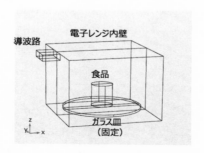

図 7.22　電子レンジと円筒形食品の計算モデル

本節で使用するアプリを図 7.23 に示します。

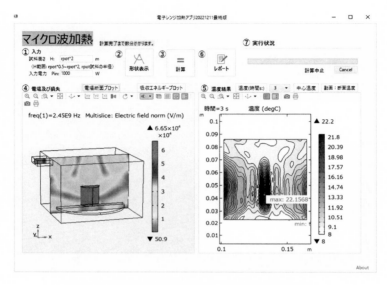

図 7.23　電子レンジによるマイクロ波食品加熱アプリ

　アプリで設定されている変数と設定値の一覧を表 7.5 に示します。

(2) 計算内容

　今回の解析では食品はジャガイモでできているとし，複素比誘電率は $65 - 20j$ として与え，温度の影響はないものと仮定しています。食品は直径 6.3 cm の円筒形であり，ガラス皿から 2 mm だけ上方に設置しています。熱伝導係数 k は 0.55 W/(mK)，密度 ρ は 1050 kg/m^3，定圧比熱 C_p は 3.64×10^3 J/(kgK) としています。

　また，電磁波は 2.45 GHz のマイクロ波であり，パワーは 1 kW，左上に設置した導波管出口から庫内に入射されます。導波管と庫内の内壁は銅でコーティングされているものとしてモデル化しています。

【マックスウェルの方程式】

　電子レンジの庫内には電磁波が 2.45 GHz で振動しています。そのような電磁波を解析するにはマックスウェル方程式を使います。

表 7.5　本アプリで設定されている変数と設定値の一覧

設定項目			備考
形状に関する項目			
電子レンジ庫幅	wo	267 (mm)	固定
電子レンジ庫奥行	do	270 (mm)	固定
電子レンジ庫高さ	ho	188 (mm)	固定
導波路長さ	wg	50 (mm)	固定
導波路奥行	dg	78 (mm)	固定
導波路高さ	hg	18 (mm)	固定
ガラス皿半径	rp	113.5 (mm)	固定
ガラス皿厚み	hp	6 (mm)	固定
ガラス皿底面 z 位置	bp	15 (mm)	固定
食品半径	rpot	31.5 (mm)	固定
食品高さ	H	rpot*2	0.5 rpot～2 rpot
食品の物性と条件			
食品の密度	rho	1050 (kg/m^3)	
食品の定圧比熱	Cp	3640 (J/(kg*K))	
食品の熱伝導率	k	0.55 (W/(m*K))	
食品の複素比誘電率	epsr	65-20*j	
食品の初期温度	T0	8 (degC)	
食品の熱伝達係数	h	0 (W/(m^2*K))	熱的断熱
マイクロ波加熱条件			
周波数	f0	2.45 (GHz)	固定
波源出力	Pin	1 (kW)	
加熱時間		5 (s)	固定
結果表示時間ステップ		1 (s)	固定

　マックスウェルの方程式は時間依存の方程式です。食品のマイクロ波加熱は 2.45 GHz という非常に大きい周波数をもつ現象を利用しています。また，今回の解析では 2.45 GHz の波のもつ 1 周期 0.0004 μ 秒に比べて，1 分といったとても長い時間における食材の温度変化を解析していく必要があります。このような長い時間の計算を 2.45 GHz の周期変動に合わせると，時間方向に膨大な時間計算ステップ数を必要とするため現実的ではありません。

　そこで，食品のマイクロ波加熱の数値解析ではマックスウェル方程式を周波数領域で解き，2.45 GHz に相当する 1 周期あたりの数値解を求めます。時間依存の熱伝導方程式はゆっくりとした変化を追跡しますので，ここで必要な発熱量は，2.45 GHz に相当する 1 周期あたりの電磁エネル

ギーの時間平均値を使うことで十分な精度で解析できます。

　周波数領域の計算ではフェーザ形式を使います。この場合，時間領域で表現された式にある時間微分を $j\omega$ に書き換えれば周波数領域のマックスウェル方程式を得ることができます。ただし，各物理量は複素数表現になりますので，数値計算結果を評価する場合にはその実部をとって評価する必要があります。詳しい説明が必要な読者は参考図書 [11] を参照してください。

　マックスウェルの方程式はアンペール・マックスウェルの式とファラデーの式から構成されています。

【アンペールの式（マックスウェルによる変位電流の項あり）】

　金属中に電流を流すとその周りに磁場が生成されます。コンデンサのような誘電体では電束密度が時間的に変化すると周囲に磁場が生成されます。それを式で表現するとアンペールの式となり，次の形になります。

1) 時間領域での表現

$$\nabla \times H = j + \frac{\partial D}{\partial t} \tag{7.19}$$

　ここで，H は磁場の強さ，j は電流密度，D は電束密度です。$\frac{\partial D}{\partial t}$ は変位電流であり，この項のおかげで電磁波の空間伝播を記述できます。マックスウェルは電荷の保存則と比較した結果，アンペールの式に不足していたこの項を発見しました。この式に出てくる×はベクトル積を表しており，2 つのベクトルのベクトル積 $a \times b$ は成分で書くと $(a_x, a_y, a_z) \times (b_x, b_y, b_z) = (a_y b_z - a_z b_y, a_z b_x - a_x b_z, a_x b_y - a_y b_x)$ で計算できます。この公式を使って，$\nabla \times H = \left(\frac{\partial}{\partial x}, \frac{\partial}{\partial y}, \frac{\partial}{\partial z}\right) \times (H_x, H_y, H_z) = \left(\frac{\partial H_z}{\partial y} - \frac{\partial H_y}{\partial z}, \frac{\partial H_x}{\partial z} - \frac{\partial H_z}{\partial x}, \frac{\partial H_y}{\partial x} - \frac{\partial H_x}{\partial y}\right)$ とした成分を使った計算ができます。

2) 周波数領域での表現

　時間領域を周波数領域に変換するには，形式的には $\frac{\partial}{\partial t} \rightarrow j\omega$ に置き換えることで対応できます。

$$\nabla \times H = j + j\omega D \tag{7.20}$$

【ファラデーの法則】

ファラデーは，磁場を時間的に変化させることでその変化を打ち消すように電流が流れることを示しました。アンペールと逆の現象です。式で書くと次のようになります。次の式の右辺についた負号 (−) が「変化を打ち消すように」を表しています。

1) 時間領域での表現

$$\nabla \times E = -\frac{\partial B}{\partial t} \qquad (7.21)$$

2) 周波数領域での表現

式 (7.21) で $\frac{\partial}{\partial t} \to j\omega$ と置き換えることで次式を得ます。

$$\nabla \times E = -j\omega B \qquad (7.22)$$

アンペールの式とファラデーの式に加えて，次に示す式を使います。

【ガウスの法則】

式 (7.23) で表され，空間に電荷がある場合にはそこから電気力線が生じる（そこに電気力線が入り込む）ことを示しています。

$$\nabla \cdot D = \rho \qquad (7.23)$$

【磁場の連続性】

式 (7.24) は，磁力線は電気力線と違って途中で途切れることがないことを表しています。途切れないということを「連続性がある」と言います。もし，モノポール（磁気単極子，単一の磁化のみをもつもの）があるとすると式 (7.24) の右辺は 0 でなくなりますが，いまのところモノポールは身近にはないようです。

$$\nabla \cdot B = 0 \qquad (7.24)$$

【誘電性】

式 (7.25) は電場と電束密度を関係づける式で，材料の特性を式で表したものです。材料はいろいろな電気的な特性をもつものがありますが，ここ

では電束は電場と線形関係にあるという仮定をしていることになります。

$$D = \varepsilon_0 \varepsilon_r E \tag{7.25}$$

【透磁性】

式 (7.26) は磁場の強さと磁束密度を関係づける式であり，これも材料の特性を式で表現したものです。この場合，磁場の強さと磁束密度が線形関係にあると仮定したことになります。

$$B = \mu_0 \mu_r H \tag{7.26}$$

【面を通過する電磁波の電力】

周波数領域での式を紹介します。電磁エネルギーの流れを記述するポインティングベクトルは式 (7.27) です。

$$P = \int_{\partial\Omega} \frac{1}{2} Re\, [E \times H^*] \cdot dS \tag{7.27}$$

【表面からの流入電力と物体内部での吸収エネルギーとの関係】

周波数領域での式を紹介します。

$$-\int_{\partial\Omega} \frac{1}{2} Re\, [E \times H^*] \cdot dS = \int_{\Omega} \frac{1}{2} \sigma\, |E|^2\, dV$$
$$+ j\omega \int_{\Omega} \left(\frac{1}{2} \mu\, |H|^2 + \frac{1}{2} \varepsilon\, |E|^2 \right) dV \tag{7.28}$$

ここで，複素誘電率 ε は真空の誘電率に複素比誘電率 ε_r をかけたものです。

本書ではフェーザ形式を使っていますので，複素比誘電率 $\varepsilon_r = \varepsilon' - j\varepsilon''$ と定義されています。ジャガイモですと，文献によりますが，例えば $\varepsilon_r = 65 - 20j$ といった数値になります。実際には温度の関数として取り扱うことが多いですが，ここでは簡単化のために温度への依存性はないとしています。ただし，読者が実験との比較を企図する場合には文献などを参照して正確な数値を入力する必要があります。

複素誘電率と同じく，複素透磁率 μ は真空の透磁率に複素比透磁率 $\mu_r = \mu' - j\mu''$ をかけたものです。

マイクロ波加熱では角周波数 ω が $2\pi f = 2{\times}3.14{\times}2.45{\times}10^9 = 15.4{\times}10^9$ rad/s と非常に大きく，式 (7.28) の右辺にある物体内部に吸収されるエネルギーは右辺の第2項と第3項が大きくなります。

また，複素比透磁率は1と考えて，電界による誘電加熱のみが生じます。

【マイクロ波における発熱量】

実際のエネルギーは実部になりますので，単位体積あたりの電磁波エネルギーの時間平均吸収量（1周期分の平均）は

$$Q_E = \frac{1}{2} Re\left(j\omega\varepsilon \,|E|^2 \right) = \frac{1}{2} Re\left(j\omega\varepsilon_0 \left(\varepsilon' - j\varepsilon'' \right) \right) = \frac{1}{2}\omega\varepsilon_0\varepsilon''\,|E|^2$$

$$(7.29)$$

となります。したがって，角周波数，複素比誘電率の虚部，そして電界の振幅の2乗に比例してたくさん電磁波エネルギーが吸収されることになり，それが熱エネルギーに変換されて発熱します。これは食材の中に十分な電場があるとしても，複素比誘電率の虚部が0であればそこでは加熱を生じないことを意味しており，このことをマイクロ波加熱は選択性があるという言い方をします。

電子レンジに食材を入れたとき，電場が内部に入り込んでいる場合を考えますと，水分がある部分は虚部があるので発熱しますが，水分のない部分は虚部がないため発熱しません。

【簡易計算式】

食品関係のテキストを参照しますと，発熱量が電界の実効値 e を使って次の式で記述されているのを見かけます。

$$Q_E = \frac{5}{9} f \varepsilon_{real} tan\delta \,|e|^2$$

$$(7.30)$$

これは式 (7.28) から次のように導出されます。

まず，$\omega = 2\pi f$ の関係を使って角周波数 ω を周波数 f で表します。

177

比誘電率の実部 ε_{real} は，$\varepsilon_{real} = \varepsilon'$ の関係があります。そこで誘電正接 $tan\delta$ を導入し，$\varepsilon'' = \varepsilon' tan\delta$ と表現します。先ほどのジャガイモの例では $tan\delta = \frac{20}{65} = 0.307$ となります。電界の実効値 e は $e = E/\sqrt{2}$ の関係にあり，また，真空の誘電率 $\varepsilon_0 = 8.8542 \times 10^{-12} \mathrm{F/m}$ を用いて $2\pi\varepsilon_0 = 0.55633 \times 10^{-10} \mathrm{F/m} \cong \frac{5}{9} \times 10^{-10} \mathrm{F/m}$ であるので，式 (7.29) は

$$Q_E = \frac{1}{2} 2\pi f \varepsilon_0 \varepsilon' tan\delta \left| \sqrt{2}e \right|^2 = 2\pi\varepsilon_0 f \varepsilon' tan\delta$$
$$= \left(\frac{5}{9} \times 10^{-10} F/m \right) \varepsilon_{real} tan\delta \, |e|^2$$

となり，食品関係のテキストに出てくる式表現を得ることができます。電界に実効値 e を使って計算をする点に注意が必要です（7.2.2 項でも述べたとおり，家庭用の電圧は 100 V と呼びますがこれは実効値であり，実際の交流電圧は正弦波的に変動し，その振幅は $100\sqrt{2}\mathrm{V} = 141.4\mathrm{V}$ です）。また，$\varepsilon_{real} tan\delta$ は誘電損失係数と呼ばれます。

発熱量には電場 E（または e）の二乗が含まれています。電場は平らな境界形状よりも角張った形状の方が強くなります。同じ大きさの球形の食品を 2 個接触させた場合にはその接触部分の箇所に強い電場が集中します。

また，マイクロ波は波動であり，食品の内部で反射も起こります。例えば球形の食品では食品の境界で反射を起こし，球の中心に波動が集まる傾向があります。つまり，マイクロ波のエネルギー分布は，誘電損失だけでなく形にも依存するので，電子レンジによる加熱調理は現象をよく理解しておくことが大切です。電磁波は目に見えないので，数値解析による現象の理解が重要になります。

【半減深度】

食材のサイズが大きい場合には，電場が食材の中に十分侵入できないということが生じ得ます。電場は高い周波数 (2.45 GHz) で振動しているので，サイズの大きな食材では表面付近にのみ強い電場が生じ（表皮効果），内部に均一な発熱を生じさせることが難しくなります。このために，食材の表面のみが高温になり，内部は低温のままといったことも起こります。

高温部分は空間的に局在するのでホットスポットが生じるという言い方を
します。また，低温部分が点在する場合にはコールドスポットが生じると
いった言い方をします。

　入射したマイクロ波は食品に吸収され発熱する箇所でエネルギーが減
少します。マイクロ波のエネルギーが食品に吸収され，入射時のエネル
ギーの半分の大きさに減少する深さを半減深度と言います。半減深度は
マイクロ波の透過の容易さの目安になります。主な物質の誘電損失係数
$\varepsilon_{real} tan\delta$ と半減深度を表に示します [12]。

表 7.6 主な物質の誘電損失係数と半減深度

物質名	誘電損失係数	半減深度
空気	0	無限大
テフロン・石英・ポリプロピレン	0.0005〜0.001	10 m 前後
氷・ポリエチレン・磁器	0.001〜0.005	5 m 前後
紙・塩化ビニール・木材	0.1〜0.5	50 cm 前後
油脂類・乾燥食品	0.2〜0.5	20 cm 前後
パン・米飯・ピザ台	0.5〜5	5 cm〜10 cm
じゃがいも・豆・おから	2〜10	2 cm〜5 cm
水	5〜15	1 cm〜4 cm
食塩水	10〜40	0.3 cm〜1 cm
肉・魚・スープ・レバーペースト	10〜25	1 cm 前後
ハム・かまぼこ	40 前後	0.5 cm 前後

　表 7.6 の水と食塩水について見てみると，誘電損失係数は同程度です
が，食塩水の半減深度は 0.3 cm〜1 cm であり，水は 1 cm〜4 cm です。
つまり，同じ形の食品でも食塩水がしみているもの（味の濃いもの）の方
が，食品表面が加熱されやすいといえます。

　今度は水と氷を比べてみます。半減深度は氷の方が大きいのでマイクロ
波加熱を受けて温度が上昇しやすいと考えがちですが，氷の誘電損失係数
は水に比べて桁違いに小さいので，ほとんど温度が上がりません。しかし
時間が経過して水になった部分は急激に温度が上昇するので，氷の部分と
の間で加熱ムラを生じることになります。

(3) アプリの使用方法

【入力】

　食品は円柱形とします。円柱は底面の半径 *rpot* と高さ *H* を指定すればその形が決まります。このアプリでは，半径 *rpot* は 31.5 mm に固定し，高さ *H* は *rpot* の 1/2 であれば，*rpot**0.5 として入力できるようになっています。*H* の設定範囲は *rpot**0.5 から *rpot**2 の範囲で設定してください。

　マイクロ波加熱の周波数は 2.45 GHz で固定しています。入力電圧は任意の数値を設定できます。

【形状表示】

　②「形状表示ボタン」をクリックして食品の形状を確認します。電子レンジの上方にはマイクロ波を電子レンジ庫内に導入するための導波路が設置されていて，食品の下方にはガラス皿に相当する円板が設置されています。

【計算実行】

　③「計算ボタン」で計算を実行します。計算実行中は⑦「実行状況」で計算の進捗が示されます。

(4) 解析結果

【ポスト処理　庫内の電界ベクトルの z 成分と食品内部の温度】

　図 7.24 の状態で，⑤「温度結果」のボタンの並びの右端にある「動画：断面温度」というボタンをクリックしてみます。すると，アプリ上で動画が表示されます。動画によって，時間が経過するにつれて食品の中心部分が温度上昇し，それと並行して食品表面の高温部分が内部にも浸透していくことがわかります。一般にマイクロ波加熱は均一加熱であると説明されますが，食品の場合はそのサイズや形状によって，加熱パターンが変化しますので，食品のサイズや物性との関係を詳しく調べる必要があります。

　食品の上方に描かれた等値面は電場の z 成分で，湾曲した面になっています。これにより，電子レンジ庫内の電界は決して一様ではなく空間分布

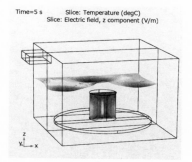

図 7.24　電子レンジによるマイクロ波食品加熱アプリ

があることがわかります。これは電子レンジの加熱庫の縦・横・高さの寸法で決まる固有モードです。

　また，図 7.24 には食品の中央断面内の温度分布も示されています。円柱で表された食品内部の温度分布も一様ではなく，側面と中心部分が高温になっていることがわかります。

【ポスト処理　庫内中央断面の時間平均電場】

　図 7.25 は食品の高さ H を 1.575 cm，3.15 cm，4.725 cm，6.3 cm と変えて入力し，都度，計算を行うことで求めた時間平均電場の計算結果を並べたものです。アプリでは④「電場および損失」の並びにある「電場断面プロット」をクリックして表示させることができます。同じ並びにある「xz ボタン」を押し，さらにカメラのマーク（「xz ボタン」の右隣のマーク）を押すことで投影法の変更（遠近法と等角投影法の切り替え）をします。

　図 7.25 より，電場には値の大きいところと小さいところがあることがわかります。また，食品の高さによってその分布は影響を受けていることがわかります。

【ポスト処理　食品中心点の温度の時間変化】

　食品の高さ H を 4 段階に変化させたときの食品中心点の時間と温度の関係は図 7.26 のとおりです。この図は複数の食品高さの結果を重ねて表

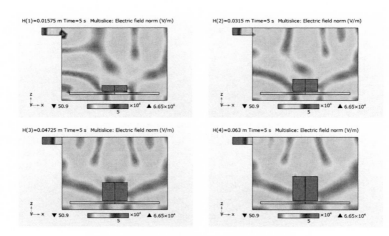

図 7.25　庫内中央断面での時間平均電場分布

示していますが，アプリでは設定した高さごとの結果が出ます。

　ここでは，食品全体で初期温度が 8 ℃，H が 1.575 cm の場合を基準にして説明します。H を 3.15 cm にすると中心温度は基準に比べて 2 ℃程度上昇します。H を 4.725 cm に増やすと今度は基準よりも最大で 4 ℃程度低下します。さらに H を 6.3 cm に増やすと，基準に比べて最大で約 14 ℃も低下してしまいます。

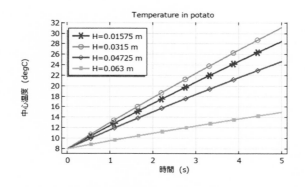

図 7.26　食品中心温度の時間変化に対する食品高さの影響

【エネルギー保存則による検討】

この計算では食品の表面は断熱であるとしています。したがって，食品中心温度は食品が吸収して熱に変換したエネルギー量と直接，関係します。その理由は，次のとおりです。

食品の体積を V とし，熱伝導方程式を積分します。すると，フーリエの法則である熱流束 q の項が食品の表面 S での面積分になり，断熱条件 $n \cdot q = 0$ を考慮すれば食品の温度の時間変化は単位電磁加熱量の体積積分（総量）に等しいことがわかります（式 (7.31)）。

$$\int_V \rho C_p \frac{\partial T}{\partial t} dV = \int_V -\nabla \cdot q \, dV + \int_V Q \, dV = \int_S -n \cdot q \, dS + \int_V Q \, dV$$

$$= \int_V Q \, dV \tag{7.31}$$

そこで，食品内部の単位体積あたりの電磁エネルギー吸収量を見える化しました。図 7.27 に示します。図 7.27 の結果を食品の内部全体について積分すると，食品のエネルギー吸収量を算出できます。それを食品の体積で割り算すると，$H = 3.15\,\mathrm{cm}$，$H = 4.725\,\mathrm{cm}$，$H = 6.3\,\mathrm{cm}$ と増やすにつれて温度が低下する原因は食品の体積あたりのエネルギー吸収量が減る

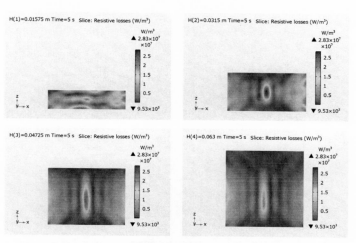

図 7.27　食品内部の電磁吸収エネルギーに対する食品高さの影響

183

からである，ということがわかります。

　これは図 7.26 の温度上昇の結果と矛盾するように見えます。そこで，なぜこのような一見，矛盾した結果になったのかを考察してみます。それには，食品の中心部分が果たして食材内部の温度を代表する点であるかを考える必要があります。すると，食品の中心点は幾何学的な理由から決めたのであって，物理的な根拠がないということに気づきます。

　一方，$H = 1.575\,\mathrm{cm}$ の結果は説明がつきません。そこで食材内部の温度分布を詳細に調べてみます。アプリでは⑤「温度結果」の並びにある時間リストから観察したい時間を選択し，温度の断面プロット（時間 s）をクリックして表示させます。

　図 7.28 に加熱開始 5 秒後の食品中央断面の温度分布を示します。これを見ると原因がわかります。$H = 1.575\,\mathrm{cm}$ 以外の 3 つの場合は最大温度は中心位置近傍に位置していますが，$H = 1.575\,\mathrm{cm}$ の場合は分布が複雑で，食品の底面に最大温度が生じています。

　このように，高さによって加熱様式が異なることがわかりました。したがって，多点同時計測の必要が示唆されますが，通常利用する熱電対型温

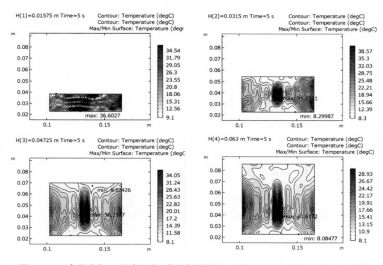

図 7.28　食品内部の温度分布（加熱開始後 5 秒）に対する食品高さの影響

度センサーは電磁波中では使えません。そこで，光ファイバー温度計を使う必要がありますが，現時点では高価であり，せいぜい数本を使うのが現実的です。取り扱いを誤るとファイバー部分が折れたりしますので注意も必要です。

理論的説明をしたとおり，電磁エネルギー吸収による単位体積あたりの発熱量は電場の振幅の2乗に比例します。図7.27に示したとおり，$H = 1.575\,\mathrm{cm}$では電磁エネルギー吸収は底面に集中しており，先述の底面上に温度の最大値が来ることと対応しています。ほかの3つの高さでは，食品の中央部分に電磁エネルギー吸収が集中しています。図7.25の中では$H = 3.15\,\mathrm{cm}$が最も電磁エネルギー吸収が強いように見えます。また，$H = 6.3\,\mathrm{cm}$では高さ方向に中央よりは下方で電磁エネルギー吸収が集中していることが見て取れ，各々，電磁エネルギー吸収の集中位置と温度の最大位置とが対応していることがわかります。

したがって，マイクロ波加熱では，食品の形状によって食品内部に形成される電場および電磁エネルギー吸収の分布にある種のタイプがあり，温度上昇を議論するには同じタイプ同士で比較する必要があることが示唆されます。ここで示した例では，電場の集中位置について，タイプⅠ：底面，タイプⅡ：中央部に分類して考えてみる必要があるということです。

(5) 課題

1) 電子レンジの出力を$250\,\mathrm{W}$, $500\,\mathrm{W}$に変更して食材の温度上昇がどのようなものになるかを調べてみましょう。

2) 食材の高さを細かく変更して，タイプⅠとタイプⅡの境目を詳細に検討してみましょう。図は中心温度の上昇カーブ，それに電場の断面分布の図を参照しながら検討してみましょう。

7.4 凍結および解凍

食品の凍結・解凍を取り上げます。食材を常温から徐々に冷やしていくと水分が凍結します。あるいは氷点以下の食材の温度を徐々に常温まで上

げて解凍していくと氷が溶けて水になります。氷と水では食材の材料物性
（熱伝導率，定圧比熱，密度）が変化しますので，同じ熱量を加えても氷
の状態の食材と水の状態の食材では温度の時間的変化に差異があります。
氷は固相 (Solid phase)，水は液相 (Liquid phase) といい，水分が固相
と液相に変化することを相転移 (Phase change) と呼びます [12, 13]。

　ここでは凍結・解凍を伴う伝熱現象を扱うことにします。

　冷凍したマグロをどのように解凍するかはマグロの味を決める重要な研
究開発項目です。ここではそのような研究開発を行うイメージでアプリ
を使って，マグロの凍結・解凍の数値解析を試していただければと思い
ます。

7.4.1　凍結および解凍の特徴

　相転移の現象を説明するために，図 7.29 に 1 次元の食品の右端面の温
度を制御して，食品の中の温度分布が時間的にどのように変化するかを計
算した結果を示します。右にいくほど色が濃く，左にいくほど色が薄いこ
とから，右端面の温度が徐々に左へ伝わっていることが読み取れます。

図 7.29　右端面の温度を制御したときの食品の中の温度分布（側面が断熱壁
のため断面内で一様温度となり，長さ方向に 1 次元の温度分布が形成される）

　また，図 7.30 に 1 次元の解凍に関する計算結果を示します。この計算
は，1 次元の食品が − 20 ℃の初期温度に保持されており，右端の温度を
その状態から 80 ℃まで上昇させたときの各時刻（各ラインに表示した時
刻（秒））における温度分布を解析しています。この場合の計算方法は参

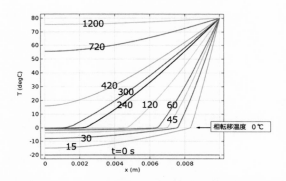

図 7.30　ある物体について右端の温度を高温とした解凍時の温度分布の時間
変化

考文献 [14] を参照してください。

　相変化における温度変化の特徴が図 7.30 によく表れています。最初，
氷点下 20 ℃に設定した長さ 1 cm の氷の棒の右端の温度を時刻 t=0 で 80
℃に設定したとき，時刻 t=45 s から t=300 s の間では温度が 0 ℃のまま
一定に保持される状態がはっきりと見えます。これが特徴です。数値計算
ではこの状態を精度良く解析できることが必須です。

　図 7.31 は先ほどの計算の最終状態を時刻原点として，右端の温度を今
度は 80 ℃から − 20 ℃へ下げた凍結の場合の温度分布の計算結果であり，
参考文献 [14] の計算条件を変更して得たものです。

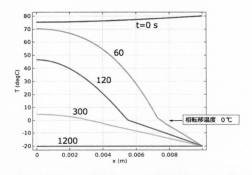

図 7.31　右端の温度を融点以下とした凍結時の温度分布の時間変化

　相転移というと何やら難しい感じがしますが，固相と液相の間の相転移は体積の変化がさほど生じないので，見かけ上の比熱が変化するという方法（エンタルピー変化法）で定式化できます。ここでは，そのような凍結・解凍を取り扱う原理や数値解析について説明します。

　食材に水分が含まれている場合，室温から徐々に熱を奪っていくと，食材の一部分が氷点に達します。氷点では水分が液相から固相へ変化する相転移が開始されます。水分は相転移が生じると液体という運動の自由度が高い状態から固体という自由度の低い状態へ移行するために，エネルギーを潜熱という形で外部に放出します。この状態が継続する期間中，温度は一定に保持されます。潜熱がすべて放出された時点で相転移が終了し，水分は固相になります。これが，いわゆる冷凍された状態です。

　水分の熱伝導係数は液相と固相で異なる値をもちます。これは，水の定圧比熱が変化するということで説明できます。ちなみに，数値解析では相転移現象の解析でエンタルピー変化法と呼ばれる方法が使われますが，それはこの観察結果に基づいています。

7.4.2　アプリを用いた解析・考察

(1) 概要

　本節で紹介するアプリは，マグロの凍結・解凍をイメージしたモデルです。食材の表面をいくつかの領域に分割し，各領域の温度を自由に与えることによる凍結・解凍過程における食材の温度分布をアプリで解析します。

　アプリを図7.32に示します。このアプリは食品の上面の温度を時間的に変化させて，食品内部に生じる凍結や解凍の状態を分析するものです。食品の上面は2つの境界面で構成されており，それらの各面で独立に温度の時刻歴を指定できます。

　アプリで設定している変数と設定値の一覧を表7.7に示します。

(2) 計算内容

　食品の凍結・解凍による水分の相変化を伴う熱伝導を解析します。それには相転移の際にエンタルピーが変化することを利用します。

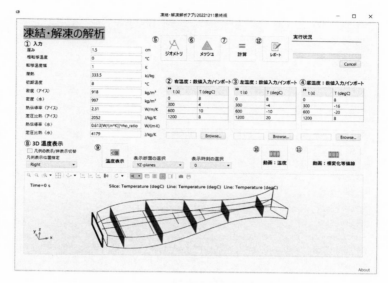

図 7.32　3 次元食品形状の凍結・解凍アプリ

【相変化を伴う熱伝導方程式】

　エンタルピーの変化を記述する方程式は，非定常熱伝導方程式に似ています。
今まで説明してきた内容と異なるところは，密度 ρ，定圧比熱 C_p，熱伝導率 k が相変化に伴って不連続的に変化することを扱う点にあります。

$$\rho C_p \frac{dT}{dt} = -\nabla \cdot (-k\nabla T) + Q \tag{7.32}$$

ここで，Q は相変化以外のものによる発熱項です。

【物性値】

　相変化のある物体で，どのように密度 ρ，定圧比熱 C_p，熱伝導率 k を与えるかを説明します [14]。説明を簡単にするために，相変化の前後の状態を添え字として 1 あるいは 2 をつけて区別します。
　θ は分率であり，0 から 1 の範囲をとる実数で，式 (7.33) の性質をもちます。

表 7.7　本アプリで設定されている変数と設定値の一覧

設定項目			備考
形状に関する項目			
食品の厚み	thickness	1.5 (cm)	平面形状は固定
食品の物性と条件			
食品の密度（氷）	rho_ice	918 (kg/m^3)	氷で代用
食品の密度(水)	rho_water	997 (kg/m^3)	水で代用
食品の定圧比熱(氷)	Cp_ice	2052 (J/(kg*K))	氷で代用
食品の定圧比熱(水)	Cp_water	4179 (J/(kg*K))	水で代用
食品の熱伝導率(氷)	k_ice	2.31 (W/(m*K))	氷で代用
食品の熱伝導率(水)	k_water	0.613 (W/(m*K))	水で代用
相転移温度	T_trans	0 (degC)	水で代用
数値的転移幅	dT	1 (K)	
潜熱	lm	333.5 (kJ/kg)	水で代用
食品の矩形端面			断熱
食品の底面	T_bottom		時間の関数
食品右側の側面・上面	T_right		時間の関数
食品左側の側面・上面	T_left		時間の関数
食品の初期温度	T_0	8 (degC)	
凍結・解凍の現象追跡時間			
現象追跡時間		range (0,15,60),	固定
結果表示時間ステップ		range (120,60,1200) 60 秒まで 15 秒間隔, 120 秒から 1200 秒まで 60 秒間隔	固定

$$\theta_1 + \theta_2 = 1 \tag{7.33}$$

この分率を使って，密度は状態 1 と状態 2 の各々の密度値の補間で式 (7.34) のように決めることができます。

$$\rho = \theta_1 \rho_1 + \theta_2 \rho_2 \tag{7.34}$$

同様に，定圧比熱も決まりますが，定圧比熱はエンタルピー変化法に基づいて，潜熱 L を含む形で表現されます。潜熱が相転移温度で生じるように一種のスイッチの役目をする項 $\frac{\partial \alpha_m}{\partial T}$ が掛け算されています。

$$C_p = \frac{1}{\rho} \left(\theta_1 \rho_1 C_{p1} + \theta_2 \rho_2 C_{p2} \right) + L_{1 \to 2} \frac{\partial \alpha_m}{\partial T} \tag{7.35}$$

なお，上述のスイッチの役目をする項に出てくる α_m は，次の式 (7.36) で

表されます。

$$\alpha_m = \frac{1}{2} \frac{\theta_2 \rho_2 - \theta_1 \rho_1}{\theta_1 \rho_1 + \theta_2 \rho_2} \tag{7.36}$$

次に，熱伝導率は密度と同じく状態 1 と状態 2 の各熱伝導率の値からの補間式 (7.37) で決めることができます。

$$k = \theta_1 k_1 + \theta_2 k_2 \tag{7.37}$$

ここで，補間に使う分率は式 (7.33) の性質を満足する必要があり，θ_2 は融点（氷が溶ける温度，ここでは 0 ℃）で 0.5 をとり，融点より $dT/2$ 以上低い温度では 0 になり，融点よりも $dT/2$ 以上高い温度では 1 になります。そこで，$\theta_1 = 1 - \theta_2$ とすれば θ_1 は氷の領域で 1，水の領域で 0 をとります。逆に θ_2 は氷の領域で 0，水の領域で 1 を取ります。このことを利用すると，式 (7.34) と式 (7.37) に挙げたように密度，熱伝導係数の補間式を得ることができます。

定圧比熱は同じ補間の考え方を使いますが，相転移の生じる幅 dT の温度域でのみ潜熱が発生することを考慮して式 (7.35) の右辺の第 2 項をつけています。潜熱に掛け算されている α_m の微分は，相転移を生じる箇所でのみ潜熱の影響を考慮するための仕組みです。

いま，氷の細長い棒があり，温度が − 20 ℃であるとします。この棒の右端の温度を初期温度 − 20 ℃から 80 ℃まで時間的に変化させることを考えます。このとき，右端から温度が左に伝導していきます。融点に達したところでは，その前後の $dT/2$ 幅のところで潜熱が生じることで相転移が完了するまで融点に保持されますが，相転移の終了後は水となって水温が上昇していきます。この現象が解凍です。今度は右端の温度を 80 ℃から-20 ℃まで冷やしていくと，その逆の現象が起こります。この現象は凍結です。

【初期条件】

食品の初期温度は次式で与えます。

$$T(x, y, z, 0) = T_0 \tag{7.38}$$

【境界温度】

　ここでは凍結や解凍を時系列的に行うために，食品の境界温度を時間の
関数として与えています。

(3) アプリの使用方法
【入力】

　魚の形を模擬した食品形状を解析してみます。形状（食品の厚み），物
性値（相転移温度，潜熱，氷の密度・熱伝導率・定圧比熱，水の密度・熱
伝導率・定圧比熱，潜熱），計算条件（食品の初期温度，転移温度幅 dT）
を設定するのが①「入力」です。

　これらの中で，転移温度幅 dT がわかりにくいと思いますので説明しま
す。相転移は指定した相転移温度で生じるとします。そのとき，相が不連
続に変化するとなると数学的な取り扱いができません。数学は不連続を扱
えないからです。そこで転移温度幅 dT を与えて，相転移は相転移温度を
中心にして $-dT/2$ から $dT/2$ の間で滑らかに起こるとしています。し
たがって dT をあまり大きくとってしまうと相転移が不正確なもの（相転
移個所がぼやけるの意味）になります。逆に dT をあまり小さくとると計
算が不安定になってしまいます。

　今回のアプリは凍結・解凍を扱うので，少し面白いことを試してみたい
と思います。魚をイメージして，魚の表面を左右に分け，左右で温度の上
げ下げを制御できるようにしてみました。②と③で温度の時刻歴を表で記
入するか，Browse ボタンで外部ファイルから読み込むかのいずれかの方
法を選択できます。なお，魚の裏面および側面は断熱としています。

　この食品（魚）は水分を含んでおり，氷点を 0 ℃にしています（相転移
温度が 0 ℃に設定されています。変更可能です）ので，0 ℃より低くなっ
た箇所は凍結し，0 ℃よりも高い温度になった部分は解凍します。②，③
ではある時刻に表面温度を何度にするかという履歴を表で与えます。

【メッシュ】

　今回のアプリは形状が複雑ですので，メッシュがうまく作成できている
かを確認するためにメッシュボタン（⑥）をつけました。このボタンを押

せばメッシュを表示することができます。

【計算実行】

⑦「計算ボタン」をクリックして，計算を実行します。

(4) 解析結果

【ポスト処理　温度分布】

　凍結・解凍の制御は②，③の表面温度の時間的な制御を通じて行われます。ただし，表面と内部では温度の変化の具合は異なるので，食品の内部での温度分布を観察することで初めてどこが凍結あるいは解凍したかを判断することができます。

　温度場の計算結果の例を図 7.33 に示します。断面は XY, YZ, XZ の各断面を選択できますが，ここでは YZ 断面を選択したので，図 7.33 の (a), (b), (c) には YZ 断面での温度分布が表示されています。食品の左側にライン図が表示されます。これは $(T - T_0)/T_0$ をプロットしたものであり，食品の境界に設定した温度がどのような状況にあるかをわかりやすく表示しています。例えば，図 (a) から図 (b) に移行すると左側のライン図の底辺が下がっていることから，底面が大きく冷却されていることがわかります。次に，図 (b) から図 (c) へ移行すると底面の温度が上昇し，かつ右側の温度も上昇していることがライン図からわかります。また，内部の断面の温度はそれに応じて温度が上昇したり下降したりしていることがわかります。

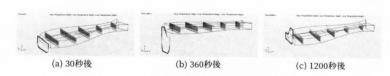

(a) 30秒後　　　　　　　(b) 360秒後　　　　　　　(c) 1200秒後

図 7.33　温度場の計算結果

【ポスト処理　相転移面形状の時間変化】

　図 7.34 は相転移を生じる境目の温度（相転移温度，ここでは 0 ℃）の時

間変化を，アプリの⑪「動画：相変化等値面」を使って可視化した結果を示します。アプリでは動画で表示されるため，外部の境界温度によって，面形状が複雑に変化する様子がわかります。食品は実験でもこのような情報を得ることは難しく，数値解析が有効な道具であることがわかります。

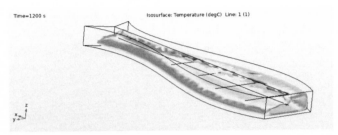

図 7.34　　1200 秒での 0 度の等値面表示の例

(5) 課題

1) アプリに設定した魚の物性は「水」で代用しました。実際の魚を扱う場合には必要な数値が掲載されている論文などを検索し，それらの数値をアプリに設定して数値解析を行う必要があります。

　そこで，メバチマグロを検索して下記の数値を得た [15] として，数値の単位を SI 単位に換算し，その換算値をアプリに入力して計算を実施してみてください（今回使用している COMSOL Multiphysics は [ ] つきで単位を書いておくと SI 単位に自動変換をしてくれますが，読者の理解を深めるために単位換算の作業もやってみてください）。

表 7.8　　メバチマグロの材料特性

材料特性		単位	数値	SI 単位と単位換算法
定圧比熱	未凍結	kcal/(kg K)	0.82	J/(kg K)
	凍結	kcal/(kg K)	0.46	1 kcal → 4.184 J
密度	未凍結	kg/m³	1080	kg/m³
	凍結	kg/m³	1020	kg/m³
熱伝導率	未凍結	kcal/(m h K)	0.73	J/(m s K)
	凍結	kcal/(m h K)	1.27	1h → 3600 s
潜熱(融解熱)		kcal/kg	56.80	J/kg
凍結温度		℃	−1.5	0 ℃ → 273.15 K

　　ただし，アプリでは相転移温度（凍結温度）は℃で入力する方式をとっているので，換算値ではなく－1.5 [degC] と入力してください。
2) 魚の調理法に，「たたき」があります。まず，魚を凍らせておき，表面のみを焼くといった手法が使われます。アプリですでに設定されている数値あるいは上記課題 1) の設定を使って，初期温度の設定や境界温度の時間変化をいろいろなものにして調理条件を検討してみてください。

参考文献

[1]　豊田浄彦，内野敏剛，北村豊：『農産食品プロセス工学』，文永堂出版株式会社 (2015).

[2]　H. Chen, B.P. Marks, and R.Y. Murphy: Modeling Coupled Heat and Mass Transfer for Convection Cooking of Chicken Patties, *J. Food Engineering*, Vol.42, pp.139-146, (1999).
　　Convection Cooking of Chicken Patties,
　　https://www.comsol.jp/model/convection-cooking-of-chicken-patties-448
　　（参照 2023 年 2 月 3 日）.

[3]　橋口真宜，米大海，村松良樹：食品物理アプリによる次世代の業務変革に向けて，『美味技術学会誌』，20 (2), pp.81-90, (2021).

[4]　福田祐，今野久仁彦，岡崎恵美子：『水産学シリーズ　通電加熱による水産食品の加熱と殺菌』，恒星社厚生閣 (2013).

[5]　Mohamed Sakr, Shuli Liu: A Comprehensive review on applications of ohmic heating (OH), *Renewable and Sustainable Reviews* 39 (2014).

[6]　Rossi Indiarto, Bayu Rezaharsamto: A Review On Ohmic Heating And Its Use In Food, *International Journal of Scientific & Technology Research*, Vol.9, Issue 02 (2020).

[7]　植村邦彦，高橋千栄子，金房純代，小林功：連続通電加熱による味噌の殺菌，『日本食品科学工学会誌』，63 (11), pp.516-519 (2016).

[8]　村松良樹，坂口栄一郎，永島俊夫，田川彰男：豚挽肉の熱物性値の測定と推算モデルの選定，『日本食品保蔵科学会』，34 巻 5 号 (2008).

[9]　Chunsen Wang, Yvan Llave, Noboru Sakai and Mika Fukuoka: Analysis of thermal processing of liquid eggs using a high frequency ohmic heating: Experimental and computer simulation approaches, *Innovative Food Science and Emerging Technologies* Vol.73, 102792 (2021).

[10]　橋口真宜，米大海，村松良樹：電子レンジによる食品のマイクロ波加熱研究の動向，『美味技術学会誌』第 21 巻 1 号 (2022).

[11]　平野拓一：『有限要素法による電磁界シミュレーション』，近代科学社 (2020).

[12]　渋川祥子：『料理がもっと上手になる！ 加熱調理の科学』，講談社 (2022).

[13]　安藤泰雅，根井大介，川野晋治，鍋谷浩志：食品の冷凍および解凍に関する技術開発の現状と今後の課題，『日本食品科学工学会誌』64 巻 8 号 (2017).

[14] COMSOL : Phase change,
https://www.comsol.jp/model/phase-change-474
（参照日 2023 年 2 月 3 日）.

[15] 上野翔世，村上菜摘，渡辺学，鈴木徹；数値計算による凍結マグロ解凍中の品質変化の予測，—第 2 報：解凍法がメト化進行度に及ぼす影響—，日本冷凍空調学会論文集，Vol.29, No.2, 299-305 (2012).

付録 A

　数値解析では，答え（数値解）を出すために何らかの計算を行います。計算量は膨大なので計算の実行は計算機に任せます。計算機で得られた計算結果を表示するにはグラフィックディスプレイ（画面）が必要です。これらは物理的な実体であり，ハードウェア（Hardware，略してハード）と呼ばれます。

　一方でどのような計算を行うかは人間がその内容を計算機に指示する必要があり，そのための指示を書き連ねたものがプログラムです。プログラムはデータを生み出し，それらのデータとデータの間の情報のやり取りの方法を指示します。また，プログラムとデータをソフトウェア（Software，略してソフト）と呼び，ソフトウェアはファイルとして物理的実体であるメモリやハードディスクに格納されています。

　ここでは市販のソフトウェアを利用する際に最低限知っておくべき事項を説明します。続いて最新の技術であるアプリとその配布機能を説明し，読者が歩むべき道を示します。

A.1　数値解析に必要なもの

　数値解析という強力なツールを利用する上で，使用環境を準備する必要があります。この節では，解析ソフト概要と数値解法，ソフト稼働するためのCPU，メモリなどのハードウェア，計算機のOS，ソフトのインストールおよびトライアル版の入手など，数値解析を利用する上で必要な基本知識を紹介します。

A.1.1　ソフトウェア（数値解析を実施するプログラム）の特性

　身近に起こっている物理現象は大部分のものが偏微分方程式の初期値・境界値問題で記述できます。偏微分方程式の中には解析解が得られるものもありますが，限られています。したがって，解を求めるには数値解析を用いるのが一般的です。

　偏微分方程式の数値解法として代表的な手法は次のものです。
1) 有限差分法 (FDM, Finite Difference Method)

2) 有限体積法 (FVM, Finite Volume Method)

3) 有限要素法 (FEM, Finite Element Method)

　この中で，物体の境界形状をうまく表現できる方法が有限要素法です。さらに，マルチフィジックス（多重物理連成）ではいろいろな物理カテゴリーで培ってきた数値解法を利用することになりますが，構造解析 [1] や電磁界解析 [2, 3] といった分野では有限要素法が適用されていることから，多重物理連成を構築しやすいということも有限要素法を採用する大きな理由になっています。

　さて，有限要素解析は，2 次元や 3 次元という空間を設定し，それを基本的には三角形あるいは四面体という基本形状で有限の大きさ（大きさはさまざま）をもつ有限要素（メッシュ）の集合で扱います。したがって，基本形状を大きくしすぎると実際のモノの形をうまく表現できないことになるので，ずれない程度に細かいものを使う必要があります。ただし，細かくしすぎると計算機のメモリを多く使うので有限要素（メッシュ）の大きさには下限があります。

　有限要素の中では，数値解は基本的に空間の 2 次関数の形で分布するという仮定をおきます。2 次関数は与えるけれども，それらは未定定数をもっており，それらの未定定数は境界条件と偏微分方程式から決めます。

　その決める仕組みが行列方程式です。有限要素で空間を覆いつくしたときの節点の数が例えば 1 万点だとすると，1 万元の行列方程式を得ることができます。それを数値的に解く行列解法をソルバーと呼びます。ソフトウェアには必ずソルバーが入っています。

　数値解が求まるとそれをグラフィックス表示して，解の平面的あるいは空間的な分布をユーザーに分かりやすい形で表示します。

　本書で物理現象の数値解析に利用してきた COMSOL Multiphysics（COMSOL 社，ストックホルム/ボストン）はさらに，開発した物理モデルを「誰でも・いつでも・どこでも」使うことができるように，ソフトウェアの操作法を知らなくてもすぐに使えるアプリの作成機能，それをウェブ経由，あるいは実行形式ファイルとして配布できる COMSOL サーバー，COMSOL コンパイラを各々，開発しています [4]。アプリは COMSOL Multiphysics の本体に付属しており，COMSOL サーバーお

よび COMSOL コンパイラ（別売りのソフトウェア）を導入することで，物理モデルの開発後，本書で紹介しているようなアプリをすぐに作成でき，それを多くの人が活用できるという環境も提供しています。

A.1.2 ソフトウェアが稼働する計算機、OS およびライセンス契約 など

(1) PC
　PC（ピーシーと発音する）と呼ばれるものがパーソナルコンピュータ (Personal computer) であり，計算機です。デスクトップ型とノート型があります。現在の計算機は，中央演算装置 (CPU, Central Processing Unit)，メモリ（主記憶），ハードディスク（2 次記憶，ファイルの格納装置），グラフィックボード（ビデオカード，グラフィックカードとも呼ばれる），周辺装置（マウス，キーボード），インターフェース (LAN, VGA 出力，プリンタ出力)，液晶ディスプレイ，バッテリーあるいは電源アダプターから構成されています。

(2) OS
　計算機を制御するソフトウェア，オペレーティングシステム (Operating system，略して OS（オーエス）) は Windows, Linux, macOS があります。OS には 32 bit 版と 64 bit 版がありますが，本書では 64 bit 版 OS を対象にしています。OS にはバージョンがあり（筆者らは 64 bit Windows10），利用するソフトウェアが稼働できるものを使います。

(3) CPU のクロック周波数とメモリ
　計算機は演算速度が重要であり，CPU のクロック周波数が高いものを利用するとよいでしょう（筆者らは 3.0-3.6 GHZ 程度を利用）。CPU はマザーボードに搭載されていますが，マルチコアタイプでは複数の CPU が搭載（筆者らは 4 コア～8 コアを利用）されており，シングルコアよりも演算を速く処理できます。メモリは RAM（ランダムアクセスメモリ）を 16 GB 以上使うのが一般的（筆者らは 16 GB-128 GB を利用）です。

(4) グラフィックボード

　グラフィックボードは画面にグラフィックスを描画するための専用装置です。利用するソフトウェアによっては適合するグラフィックボードが限定されることがあり，ソフトウェアの要求仕様 (System requirement) を調べておく必要があります（ソフトウェアの開発元・代理店の HP を参照）。

(5) MAC（イーサネット）アドレス

　PC は通信規格の一つであるイーサネット規格で有線接続され，イーサネットの一種である LAN ケーブルがよく使われます。LAN ケーブルはネットワークアダプター（LAN カード）に差し込んで使用します。市販のソフトウェアを利用する際の使用許諾（ライセンス）契約においてMAC（イーサネット）アドレスを聞かれるので，LAN カードに書き込まれた固有の番号を調べて答えます（Windows ではコマンドプロンプト画面で ipconfig /all と入力して Physical Address を表示させます）。

(6) スリープモード

　PC はバッテリーの残量がなくなる，あるいは電源を抜くと動作できません。科学技術計算では多くの計算を行い，それだけ電力を消費します。グラフィックスも電力を消費します。PC にアクセスがない場合には自動的に電力消費を抑える動作形態（モード）へ切り替えるスリープモードをセットしておきます。

(7) ソフトウェアのプログラム言語

　科学技術計算用のソフトウェアはいろいろな言語（BASIC，C，FORTRAN から Java，C++，Octave，Python など）で開発されています。例えば Java で開発されたものは，市販のソフトウェアで式を入力する場合に大文字・小文字を区別することになります（例えば Heat とheat を別個の意味をもつものとして認識）。

(8) ソフトウェアのインストール

　PC へのインストールは COMSOL 社からダウンロードで行います。所属する組織においてダウンロードが制限されている場合があります。その場合，代理店から DVD を入手してインストールを行います。DVD を利用する場合には光学ディスクドライブ（PC 内臓あるいは外付けドライブ）が必要です。

(9) ソフトウェアのバージョン

　市販のソフトウェアはバージョンが適宜，変更されていきます。それによってソフトウェアの修正が行われたり機能追加が行われたりします。サブスクリプション契約を結んでおけば，バージョンの変更が行われる度に新しいバージョンが開発元からユーザーへ配布されますので便利です。サポート契約を結んでおけば開発元や代理店にソフトウェアの利用法に関する相談をすることができます。

(10) トライアル版

　ソフトウェアを購入しようと考えた場合には，一般にトライアル版が用意されているので，まずはトライアル期間中にソフトウェアを試用して自分の考えていることができるかどうかを確かめます。この期間中にいろいろな性能の PC で動かして，どの程度の性能であれば十分であるか否かといった確認も行います。グラフィックボードのチェックもできます。

(11) GUI

　市販のソフトウェアを操作する場合，ユーザーは GUI (Graphical User Interface) を利用できます。この場合，マウスでほとんどの操作ができます。COMSOL Multiphysics ではマウスの中央のホイールボタンも使います。特に，物理モデルの開発を行う場合には GUI による操作に習熟することが重要です。MS コマンド画面で文字を入れながら操作をするものがありますが，この場合は CUI (Character-based User Interface) と呼びます。

　一方で，開発された物理モデルの利用をするだけであれば，GUI 操作

を知らなくてもすぐに利用できるようにする仕組みがあります。その仕組みを取り入れている例が，後述するアプリです。

A.2 数値解析の新しい利用形態

本節では，本書で利用している解析ソフト COMSOL Multiphysics の概要および CAE 解析アプリといった新しい数値解析の利用形態の概要を紹介します。

A.2.1 本章で扱う市販のソフトウェア

本書では OS が 64bit の Windows である場合の GUI 操作を対象として説明します。アプリを利用したい読者は Windows に加えて，macOS，Linux で動くものを利用できます。

ソフトウェア名は「COMSOL Multiphysics」であり，COMSOL 社（ストックホルム/ボストン）が開発・販売しているマルチフィジックス解析用の汎用有限要素解析ソフトウェアです。開発言語は Java, C++ を使用しています。したがって，大文字・小文字を区別する記述法を使います。

GUI は COMSOL Desktop と呼ばれており，物理モデルを開発するための GUI であるモデルビルダーとアプリを作成する GUI であるアプリケーションビルダーを装備しています。

A.2.2 CAE 解析アプリおよび配信・配布

「まえがき」にも記載したとおり，本書は物理モデル開発には触れずにそれを「誰でも・いつでも・どこでも」利用できるようにする新しい利用形態であるアプリを，読者に実際に操作していただきながら理解を深めていっていただくことを狙いとして執筆されました。

アプリは COMSOL Multiphysics 自体の GUI 操作を知っておく必要はありません。したがって，「誰でも」利用できます [5, 6]。

それでは「いつでも・どこでも」は実現できるのでしょうか。答えはイ

エスです。そのためには COMSOL サーバー，COMSOL コンパイラという ソフトウェアを別途導入する必要があります。アプリを Web 配信する形態では COMSOL サーバーを利用します [7, 8]。ユーザーは WebGL 対応のスマートフォンやタブレットといったグラフィックス端末を利用してアプリを動かすことができます。この場合，演算は COMSOL サーバーが稼働している計算機で行われます。これは Windows，Linux，macOS で利用できます。一方で実行形式を配布する形態では COMSOL コンパイラを利用します。この場合，ユーザーは自身の PC 上でアプリを実行できます [9, 10]。その際，ソフトウェアのライセンスは不要です。

A.3　物理モデルを開発する方法

　図 A.1 に示すようなモデルについて，ミクロスケールの特徴を捉えたマクロスケールの有限要素解析を実行する方法を考えます。そのような物理モデルをどのように構築していくかを以下で具体的に説明します [11]。

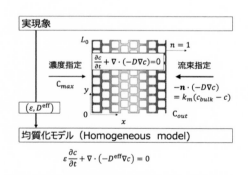

図 A.1　多孔質内の質量輸送とその均質化モデル

A.3.1　多孔質体内部の濃度分布の計算を行う物理モデルの開発

　このモデルでは，食品のミクロスケールの解析を扱うことができます。まず，食品の微細構造を顕微鏡などで撮影します。その画像を二値化するなどして，画像を有限要素解析ができるものに変換します。そうすれば有

限要素解析用のメッシュを配置できるようになり，物理モデルを適用できるようになります。そのミクロスケールに対して熱伝導方程式，質量保存式，流体力学を適用することでかなり厳密に解析できます。これを直接シミュレーションと呼ぶ場合があります。

A.3.2　ポロシティと有効拡散係数を求める均質化モデルの開発

A.3.1 項の取り扱いでは厳密な解析が可能ですが，これはミクロスケールの構造を写真撮影したものであり，かなり小さな範囲しか扱えません。一方で，ポロシティは幾何学に基づく量であるので，図 A.1 からその数値（空洞部分の体積を全体積で割った数値）を算出できます。ポロシティがわかったので，後はミクロスケールを点としてみたときの拡散係数である有効拡散係数を求めれば，微細構造の詳細情報をポロシティと有効拡散係数という情報に置換できたことになります。

この段階になれば，有限要素解析モデルとしてはミクロスケールよりもはるかに大きなマクロスケールのモデルを構築し，その各点にミクロスケールを表現するポロシティと有効拡散係数が配置されているとすることで，現実に近い大きなスケールの場で扱うことができます。ただし，マクロスケールのモデル内部にはミクロスケールの内容が均質に配置されているという大きな仮定を置いたことになりますので，そこは実験との比較などを行って妥当性を検証する必要があります。

A.3.3　COMSOL Multiphysics　モデルビルダーでの物理モデル開発—概要—

物理モデルの開発は，現実問題から抽象化された数学モデルを解析ソフトに入力して，解析モデルを開発することになります。数学モデルとしては，対象のジオメトリ（計算対象の形状），計算したい現象の物理支配方程式と境界条件＆初期条件，必要な物性データなどが挙げられます。また，有限要素法の解析モデルとして，さらに離散化用のメッシュ作成，弱形式および行列方程式作成，計算実行，ポスト処理が必要になります。

下記の図 A.2 に解析モデルにおける重要な要素およびモデリングの一般的な流れを示しています。解析モデルの開発は，図にあるように，モデ

ルの重要な要素を一つ一つ解析ソフトの設定に反映していくプロセスが必要です。場合に応じて，パラメーターや変数，関数，積分/平均/最大最小演算子などを解析モデルに追加することで，モデリングのプロセスが簡単になったり，外部実験データが利用できたりするなど，機能の拡張も可能です。

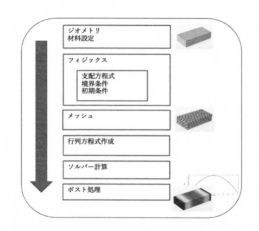

図 A.2　解析モデルの要素およびモデリングの流れ

　COMSOL にてモデリングする際に「モデルウィザード」を利用して空間次元，フィジックスおよびスタディを選択することで，自動的に選択されたフィジックスの支配方程式およびデフォルトの境界条件＆初期条件を含めたモデリングの環境が用意されます。図 A.3 に 2D モデル，希釈種輸送フィジックス，時間依存スタディを選択した場合の COMSOL が用意した作業 GUI(Graphical User Interface) を示します。

　図 A.3 に表示してあるように，作業 GUI はモデルビルダー，設定およびグラフィックスウインドウに分けられています。モデルビルダーには，解析モデルの重要な要素である，ジオメトリ，材料，フィジックス設定，メッシュ，ソルバー設定，結果処理が含まれています。作業 GUI にて，これらの重要なモデルの要素およびパラメーター，変数，関数などを追加設定することで，解析モデルを仕上げていくことができます。

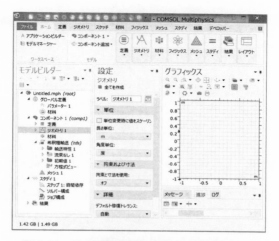

図 A.3　2D 希釈種輸送の過渡モデルの作業 GUI

A.3.4　COMSOL Multiphysics　モデルビルダーでの物理モデル開発 – モデル作成—

以下に設定項目を紹介します。

まず，図 A.4 にあるように，モデル設定上必要な寸法，物性，条件などに関連するパラメーターを定義します。

図 A.4　2D モデルに利用したパラメーターの定義

次に，ジオメトリを作成します。ジオメトリの作成には，外部 CAD データをインポートする方法と，解析ソフトに実装されている簡易 CAD 機能を利用して直接ジオメトリを作成する方法があります。ここでは，解

析ソフトに内蔵している CAD 機能を利用して，基本形状の正方形作成や，基本形状の配列，移動，ブーリアン演算などにて所望のジオメトリを作成しました。図 A.5 に完成したジオメトリを示します。

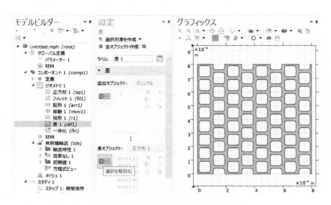

図 A.5　ジオメトリ作成

次に，希釈種の初期空間分布を図 A.6 のように変数で定義します。

図 A.6　変数定義

フィジックスの設定では，計算したい現象（今回の希釈種輸送）の支配方程式，初期条件，境界条件を設定します。図 A.7 に GUI を示します。COMSOL はデフォルトでフィジックスの支配方程式，初期値および境界条件が用意してあります。今回の問題設定に合わせて，濃度と流束（フラックス）条件を追加設定します。

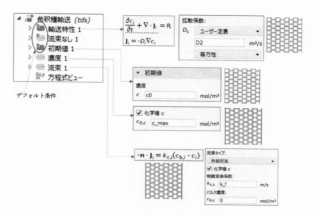

図 A.7 フィジックス設定

フィジックス設定の詳細は以下のとおりです。

輸送特性 1：全ドメインに対して支配方程式（拡散）を指定します。また，拡散係数（パラメーター D2）を設定します。

流束なし 1：デフォルトで全境界に設定する境界条件です。法線境界フラックスを 0 に既定します。

初期値 1：変数 c0 にて，濃度の初期空間分布を設定します。

濃度 1：追加した境界条件です。左境界の濃度を c_max に固定します。

流束 1：追加した境界条件です。右境界のフラックス条件の物質変換係数をパラメーター k_f で設定します。

　次に，結果処理などで必要な変数を定義します。図 A.8 を参照してください。「式」にある aveop1() は，右境界に定義した平均演算子です。intop1() は全ドメインに定義した積分演算子です。c は希釈種輸送フィジックスの従属変数で，空間の濃度分布の解です。intop1 (1) は希釈種輸送ドメインの面積を意味しています。(0.8 [mm])^2 は，希釈種輸送ドメインのその間の空白（流体および希釈種が存在しないソリッドの空間）を含めた正方形の面積です。したがって，epsilon はこの正方形多孔質領域の空隙率になります。withsol() 演算子は，指定した解のデータセット (sol1) の中の指定した時刻 (t=100 ms) の変数（flux_avg, あるいは

c_avg）の値を取得する演算子です。D1 はこの正方形多孔質領域の有効拡散係数です。

名前	式	単位	説明
flux_avg	aveop1(k_f*c)	mol/(m²·s)	Average flux
c_avg	aveop1(c)	mol/m³	Average concentration
flux_avg_end	withsol('sol1',flux_avg,setval(t,100[ms]))	mol/(m²·s)	Average flux, t=100 ms
c_avg_end	withsol('sol1',c_avg,setval(t,100[ms]))	mol/m³	Average concentration, t=100 ms
D1	flux_avg_end*0.8[mm]/(c_max-c_avg_end)	m²/s	Diffusion coefficient, 1D
epsilon	intop1(1)/(0.8[mm])^2		Porosity

▼ 変数

図 A.8 各種変数の定義例

　以上は問題定義のためのモデル作成プロセスです。次に数値計算上必要なメッシュを作成して，計算を実行し，その結果を紹介します。

A.3.5　COMSOL Multiphysics　モデルビルダーでの物理モデル開発—実行—

　メッシュに関して，COMSOL デフォルトの 2D フリーメッシュ 3 角形を利用します。図 A.9 は完成したメッシュです。

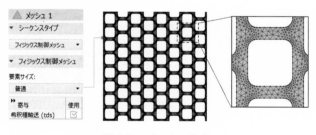

図 A.9　メッシュ作成

　スタディに関して，今回は時間依存の計算をするため，0〜100 ms の計算で，2 ms の間隔で結果を出力するようにしています。具体的な設定内容は図 A.10 に示します。

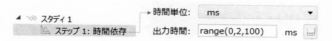

図 A.10　時間依存スタディの出力時間設定

計算実行後，以下のような結果が得られます。図 A.11 に示します。

グローバル評価 1 および 2 では，正方形多孔質領域の空隙率 epsilon と有効拡散係数 D1 を評価しています。また，2D の濃度プロットで希釈種濃度 c の空間分布をプロットしています。1D グラフでは，右境界の平均流束 flux_avg の時間変化をプロットしています。

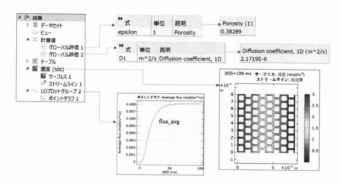

図 A.11　2D モデルの計算結果

以上の 2D モデルでは，多孔質体の微細構造を描画したモデルにて，多孔質体の空隙率と有効拡散係数を算出できました。次に，これらの算出した多孔質パラメーターを利用して，多孔質微細構造を描画しない 1D モデルを計算します。

下記の図 A.12 に 1D モデルの設定項目を示しています。破線で囲まれているコンポーネント 1 およびスタディ 1 は，2D モデルの設定と計算項目です。実線で囲まれているコンポーネント 2 およびスタディ 2 は追加した 1D モデルの設定と計算項目です。

1D モデルのジオメトリは 1 次元のラインになりますが，モデルに適用

した支配方程式（拡散の式），初期濃度分布条件，左境界濃度条件，スタディ設定は，2D モデルと同じです。また，拡散係数および右境界流束条件の物質変換係数は，2D モデルで得られた多孔質体の空隙率 epsilon および有効拡散係数 D1 で設定しています。変数 flux_hom は，1D モデルの右境界上の流束を評価するための変数です。

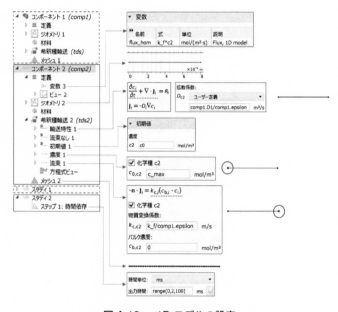

図 A.12　　1D モデルの設定

1D モデルの計算結果を図 A.13 に示します。

1D モデルの右側境界の流束の時間変化は，2D モデルとうまく一致しています。この結果より，微細構造を描画する詳細モデルから有効物性値を算出して，微細構造を描画しないモデルにその有効物性値を適用して計算することを実現しました。この手法は特にミクロ構造にて有効物性値を算出し，それをマクロモデルに適用するといったマルチスケールモデリングに有効です。

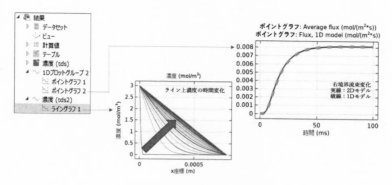

図 A.13　1D モデルの結果

A.4　アプリ化する方法

　前節では，数値解析モデルの開発プロセスについて説明しました。本節では前節で作成したモデルを利用して，CAE 解析アプリをデザインする際の考え方や，CAE 解析アプリの開発プロセスを紹介します。

A.4.1　アプリの仕様検討

(1) アプリに何をさせたいか

　複雑な解析モデルを使いやすい解析アプリにすることで，アプリの利用者は解析ソフトの操作を習得する必要がなくなり，物理現象に集中してアプリをツールとして利用できるので，教育変革や学習型フロントローディング開発を実現できます [12,13]。

　本節では，多孔質材料有効物性値を計算するアプリを作成します。拡散問題を想定し，空隙率と有効拡散係数を算出します。算出した物性値を 1D モデルに適用して，検証計算を実施します。

(2) アプリ画面に設定する項目の検討

　アプリには，入力パラメーター（多孔質ジオメトリパラメーター，拡散係数，ピーク初期濃度など），2D モデルのジオメトリおよびメッシュを表示する機能，2D モデル計算機能，2D モデル結果（有効物性，濃度分布，右境界流束の時間変化），1D モデルジオメトリとメッシュ，1D モデ

ル計算，1D モデル結果（右境界流束時間変化，1D ライン上濃度の時間
変化プロットと動画），レポート機能を追加します。

A.4.2　COMSOL Multiphysics アプリケーションビルダーによる 開発

アプリケーションビルダーをクリックして，アプリの開発画面に移動します。図 A.14 に示すグローバルフォームのテンプレートを利用して，簡単にアプリに追加したいコンテンツを選択できます。

図 A.14　アプリケーションビルダーのグローバルフォームを利用

追加したコンテンツのレイアウトを簡単に調整するだけで，シンプルなアプリを作成できます（図 A.15 および図 A.16）。

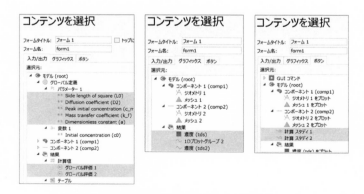

図 A.15 追加したいコンテンツを選択

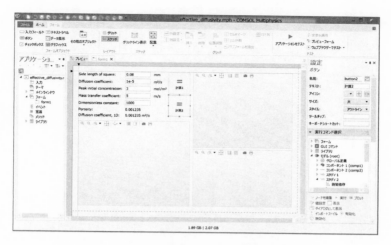

図 A.16　追加したコンテンツのレイアウトを調整

　さらに動画，レポートなどの機能を追加してアプリの画面をデザインすると，図 A.17 のアプリに仕上がります。

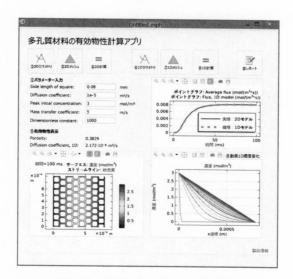

図 A.17　完成したアプリのテスト画面

作成したアプリの入力パラメーターを変更して再計算した結果を図 A.18 に示します。

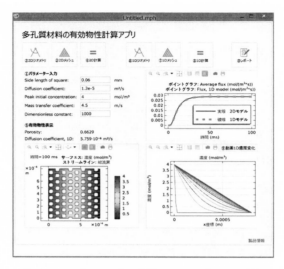

図 A.18　パラメーター変更によるアプリの再計算

参考文献

[1]　高野直樹，浅井光輝：『メカニカルシミュレーション入門』，コロナ社 (2008).

[2]　橋口真宜，藤井知，平野拓一，坂東弘之：COMSOL Multipysics による計算科学工学-波動系 (5)，『日本計算工学会誌』，Vol.23, No.2, pp.20 (1) − 20 (9) (2018).

[3]　平野拓一のホームページ，「研究紹介」，
http://www.takuichi.net/research/index.html
（参照日：2023 年 2 月 3 日）.

[4]　COMSOL，「COMSOL ソフトウェア製品」，
https://www.comsol.jp/products
（参照日：2023 年 2 月 3 日）.

[5]　橋口真宜，米大海：地下の水熱連成解析の動向とアプリの適用，『計算工学』Vol.27, No.2 (2022).

[6]　村松良樹，橋口真宜，米大海，川上昭太郎：食品の加熱殺菌用アプリの開発，日本食品科学工学会　第 69 回大会 (2022).

[7]　石森洋行，磯部友護，石垣智基，山田正人：数値解析機能を実装した対話型プラットフォームによる廃棄物埋め立て地の適正管理のための実用的な将来予測手法，第 27 回

計算工学講演会 (2022).

[8] 藤村侑：企業内におけるスタンドアロンアプリケーションの活用方法と目指す姿，第 27 回計算工学講演会 (2022).

[9] 平野拓一：電磁界シミュレータのツールで作成した実行形式アプリを援用した高周波電磁界教育，第 27 回計算工学講演会 (2022).

[10] Numerical Analysis App for your Learning and Research, 「トップページ」, http://nodaiweb.university.jp/comsol-app/ （参照日：2023 年 2 月 3 日）.

[11] COMSOL, 「アプリケーションギャラリ Effective Diffusivity in Porous Materials」, https://www.comsol.jp/model/effective-diffusivity-in-porous-materials-978 （2023 年 2 月 3 日参照）.

[12] M. Hashiguchi, D. Mi :Education and Business Style Innovation by Apps Created with the COMSOL Multiphysics Software, The Proceedings of the 2018 COMSOL Conference in Boston (2018), https://www.comsol.jp/paper/education-and-business-style-innovation-by-apps-created-with-the-comsol-multiphy-66441 （参照日 2023 年 2 月 3 日）.

[13] 橋口真宜, 米大海, マルチフィジックス有限要素解析アプリの設計と応用, 第 27 回計算工学講演会 (2022).

索引

著者紹介

村松 良樹 （むらまつ よしき）

東京農業大学　教授
博士（生物産業学）
2000年東京農業大学生物産業学研究科生物産業学専攻博士後期課程修了。
同年より東京農業大学生物産業学部食品科学科助手，2013年東京農業大学地域環境科学部
生産環境工学科准教授を経て，2017年4月より現職。
専門は食品工学（主に乾燥，伝熱，熱物性）。
執筆担当：第1章〜第5章，6.2節，6.3節，6.5節

橋口 真宜 （はしぐち まさのり）

計測エンジニアリングシステム株式会社主席研究員，技術士（機械部門），JSME計算力技
術者国際上級アナリスト（熱流体），固体力学1級
執筆担当：6.1節，6.4節，第7章

米 大海 （みだはい）

計測エンジニアリングシステム株式会社技術部部長，工学博士
執筆担当：付録A

COMSOL Multiphysicsのご紹介

　COMSOL Multiphysicsは，COMSOL社の開発製品です。電磁気を支配する完全マクス
ウェル方程式をはじめとして，伝熱・流体・音響・構造力学・化学反応・電気化学・半導
体・プラズマといった多くの物理分野での個々の方程式やそれらを連成（マルチフィジック
ス）させた方程式系の有限要素解析を行い，さらにそれらの最適化（寸法，形状，トポロ
ジー）を行い，軽量化や性能改善策を検討できます。一般的なODE（常微分方程式），PDE
（偏微分方程式），代数方程式によるモデリング機能も備えており，物理・生物医学・経済
といった各種の数理モデルの構築・数値解の算出にも応用が可能です。上述した専門分野
の各モデルとの連成も検討できます。

　また，本製品で開発した物理モデルを誰でも利用できるようにアプリ化する機能も用意さ
れています。別売りのCOMSOL CompilerやCOMSOL Serverと組み合わせることで，例
えば営業部に所属する人でも携帯端末などから物理モデルを使ってすぐに客先と調整をで
きるような環境を構築することができます。

　本製品群は，シミュレーションを組み込んだ次世代の研究開発スタイルを推進するととも
に，コロナ禍などに影響されない持続可能な業務環境を提供します。

【お問い合わせ先】
計測エンジニアリングシステム（株）事業開発室
COMSOL Multiphysics 日本総代理店
〒101-0047 東京都千代田区内神田1-9-5 SF内神田ビル
Tel: 03-5282-7040　　Mail: dev@kesco.co.jp
URL：https://kesco.co.jp/service/comsol/

◎本書スタッフ

編集長：石井 沙知
編集：山根 加那子
組版協力：阿瀬 はる美
図表製作協力：安原 悦子
表紙デザイン：tplot.inc 中沢 岳志
技術開発・システム支援：インプレスNextPublishing

●本書は『ことはじめ 加熱調理・食品加工における伝熱解析』（ISBN：9784764960589）
にカバーをつけたものです。

●本書の内容についてのお問い合わせ先

近代科学社Digital　メール窓口
kdd-info@kindaikagaku.co.jp
件名に「『本書名』問い合わせ係」と明記してお送りください。
電話やFAX，郵便でのご質問にはお答えできません。返信までには，しばらくお時間をい
ただく場合があります。なお，本書の範囲を超えるご質問にはお答えしかねますので，あ
らかじめご了承ください。

マルチフィジックス有限要素解析シリーズ2

ことはじめ 加熱調理・食品加工における伝熱解析

数値解析アプリでできる食品物理の可視化

2023年3月31日　初版発行Ver.1.0
2024年3月31日　Ver.1.1

著　者　村松 良樹,橋口 真宜,米 大海
発行人　大塚 浩昭
発　行　近代科学社Digital
販　売　株式会社 近代科学社
　　　　〒101-0051
　　　　東京都千代田区神田神保町1丁目105番地
　　　　https://www.kindaikagaku.co.jp

印刷・製本　京葉流通倉庫株式会社
Printed in Japan

ISBN978-4-7649-0688-4

近代科学社 Digital は、株式会社近代科学社が推進する21世紀型の理工系出版レーベルです。デジタルパワーを積極活用することで、オンデマンド型のスピーディでサステナブルな出版モデルを提案します。

近代科学社 Digital は株式会社インプレス R&D が開発したデジタルファースト出版プラットフォーム "NextPublishing" との協業で実現しています。